LETTRE

A

M. BERTIN, *Medecin*, &c.

Au sujet d'un nouveau genre de
vaisseaux découverts dans
le Corps Humain.

O U

Réponse à la digression, que fait l'Auteur Anonyme de la *Lettre sur le
nouveau Système de la Voix*, contre
les artères & nouvelles veines lymphatiques de M. FERREIN.

Avec un SUPPLEMENT en réfutation d'un article du Journal des Sçavans sur le même sujet.

Par M. MONTAGNAT, *Medecin*.

A PARIS,
Chez DAVID, fils, Quai des Augustins,
au Saint-Esprit.

M. DCC. XLVI.
Avec Approbation & Permission

La qualité d'Accusateur, & à plus forte raison celle de Calomniateur, a été de tout tems une très-vilaine chose. Et quelles plaintes ne font point les Grecs de leurs Sycophantes, & les Romains de leurs Délateurs ? L'étude même de la sagesse, n'a pû nettoyer de cette tache d'infamie, certains Philosophes, qui sont si maltraités dans les Dialogues de Lucian, & qui n'y font pitié à personne quelque mauvais traitement qu'ils y reçoivent. Auroit-on dessein de remettre dans le monde cette Secte condamnée ; cette Philosophie médisante ; cette profession publique de japper, de mordre, & de déchirer ; cette métamorphose d'hommes en chiens ? Voudroit-on rétablir l'ordre des Peres Cyniques.

Balsac, dans sa Dissertation 12, qui a pour titre le Faux Critique, tom. 1. p. 640. édition de Paris, chez Billaine. M. DC. LXV.

On trouve chez le même Libraire Les Eclaircissemens en forme de Lettre, à M. Bertin, sur la découverte du Mécanisme de la Voix : Avec la Lettre à M. L. Des Fontaines, en Réponse à la Critique qu'il avoit faite de cette découverte.

L'Approbation & la Permission de la Lettre suivante se trouvent à la fin des Eclaircissemens, &c. ces trois Lettres réunies forment un petit in-douze.

AVANT-PROPOS.

Facinus quos inquinat, æquat.   Lucanus

Il parut en 1741, une Brochure Anonyme sous ce titre, *Lettre sur le nouveau système de la Voix.* Le dessein principal de l'Auteur dans cette Piéce, est d'y renverser la découverte que M. Ferrein a faite du vrai mécanisme de la voix. Il ne s'est pas renfermé dans les bornes permises du genre Polémique, il a accompagné les difficultés qu'il oppose à ce Médecin, d'imputations aussi odieuses que peu vraisemblables.

On a démontré dans les *éclaircissemens,* adressés à *M. Bertin,* en *réfutation* de cette Brochure, la réalité de la découverte de M. F. la futilité des objections de son Censeur, & la fausseté des imputations dont il essaye de le noircir.

Pour ménager l'attention du Lecteur, on n'a pas jugé à propos de répondre dans le même Écrit à une accusation non moins hardie que les impostures qu'on y a détruites : cette accusation est celle de Plagiat, dont on a voulu charger M. F. au sujet de sa découverte des arteres & veines lymphatiques. On a promis de discuter ce point séparément & d'assurer à cet Académicien l'honneur de la découverte qu'on voudroit lui ravir ; c'est à remplir cet engagement que la Lettre suivante est destinée. On ose espérer qu'on n'y fera pas moins triom-

à ij

pher la vérité fur ce chef, que fur les précé-
dens.

L'Auteur a appris que plufieurs perfonnes, aux avis & aux lumieres, defquels il fe
fait un devoir & un honneur de déferer, auroient fouhaité que le quatrième article de la
réfutation adreffée à M. Berin, eût été traité
avec plus d'étendue. Pour les fatisfaire, il
ajoutera ici, par forme d'éclairciffement, que
lorfqu'il a parlé dans cet *Article* d'un certain
Trium-virat, il n'avoit pour lors en vûe que les
principaux chefs, d'une Société qui s'eft formée, depuis quelques années, dans cette Ca-
pitale. Cette Société ténébreufe, eft bien dif-
férente de celles qui fe propofent d'encoura-
ger, & de faire naître les talens. Jaloufe de
tout mérite ; incapable elle même d'exciter
aucune envie, (*a*) elle femble avoir confpiré
tout à la fois, & contre les Sciences, & contre
ceux qui s'y diftinguent. La droiture du cœur
& de l'efprit, jointes à un fçavoir émi-
nent, font fur-tout ce qui l'irrite ; on ne peut
mieux la caractérifer, qu'en lui donnant pour
devife, ces paroles de Jérémie, *omnis calumnia*
in medio ejus : (*b*) En effet, on diroit que
les Membres qui la compofent, fe font d'un
commun accord diftribué les rôles, pour remplir, chacun felon fes talens, le plan d'une
telle inftitution.

Ils font convenus entre eux de déprimer,
par toutes fortes de voyes, tout mérite, qui
les offufque ; en conféquence, les uns forgent

(*b*) c. 5.
V. 6.

(*a*) *Qui invident, egent : illi quibus invidetur*
rem habent. PLAUT.

calomnies, les autres les rédigent, &
quelqu'un, s'occupent à les répandre. Rien
que l'adresse de ces *Conjurés*, pour faire
naître la guerre, ou règne la paix. Est-il
question de brouiller deux Amis, ils imagi-
nent contre l'un ce qui est le plus capable de
l'offenser; & ils le lui font ensuite annoncer,
comme l'Ouvrage de l'autre.

De tems en tems il s'en détache quelqu'un
qui lâche dans le Public un libelle semé de
ces perfidies, dans le dessein de signaler,
ou zèle pour l'intérêt du corps. Les derniers
tâchent toûjours de l'emporter sur ceux qui
les ont précédés.

Le systême qu'ils suivent dans ces Ecrits,
est non seulement de décrier ceux que le Public révere, mais encore de s'encenser tour à
tour, & de se faire valoir à leurs dépens.
Pour remplir ce double projet, ils prêtent aux
premiers leur inhabileté & leur vices: moyen
infaillible pour les rendre odieux; ils s'appli-
quent ensuite à eux-mêmes les talens & les
vertus de ces grands hommes; quel masque
plus propre à faire prendre le change à ceux
qui ne les connoissent pas?

Entre les Sçavans, dont on parle, ils s'ap-
pliquent, sur-tout à déchirer M. Ferrein. Ils
n'ont pû pardonner à ce Medecin la supério-
rité qu'il a sur eux, même dans un genre, ou
quelques-uns d'entre eux s'étoient flattés de
pouvoir éblouïr le Public. Que n'ont-ils pas
imaginé pour rabaisser sa découverte des artères & veines lymphatiques. La moderation & le
sang froid de cet Academicien, loin de les ar-
rêter, n'a servi qu'à les aigrir & à les irriter
davantage.

A iij

On fçait l'artifice honteux auquel ils eurent recours, lorsque M. F. fit en présence de l'Académie, (a) les expériences annoncées dans son *Mémoire sur la formation de la Voix*. Deux d'entre eux eurent l'adresse, ou plûtôt la noirceur, de glisser dans un des Larynx, que ce Medecin devoit employer, un ruban de soye, pour faire échouer, ou pour rendre suspectes (b) ses expériences.

La honte & la confusion, dont ils furent couverts, lorsque cette supercherie, la plus odieuse dont les fastes de la Littérature puissent faire mention, vint à la connoissance du Public, ne les démonta pas. Ils prirent seulement une voye plus licite; quelques-uns d'entr'eux essayerent de lutter ouvertement contre ce Medecin; mais, vaincus au jugement des Sçavans, ils n'osérent, ni reparoître après leur défaite, ni faire part au Public de leurs Ecrits.

Ce revers humiliant ne servit qu'à les rendre plus ardens à chercher de nouvelles ressources. Ils hazarderent la *Lettre sur le nouveau système de la Voix*: (c) Lettre, qui sans avoir,

---

(a) *Voyés l'Hist. de l'Académie, année 1741, p. 51. & les Mem. même an. p. 409. & suiv.*

(b) *On peut voir dans les Eclaircissemens sur le mécanisme de la Voix, l'Histoire de ce manége, voyez p 28. & suivantes.*

(c) *Ils mirent cet Ecrit sur le compte d'un des Disciples de M. Bertin. Si l'on s'est prêté à cette fiction, en le refutant; c'est que personne ne pouvoit y être trompé.*

les dehors & la dureté d'un libelle, en cache néanmoins toute la mechanceté & le venin. Témoin ce qu'ils y osent insinuer, au sujet de l'insertion du ruban dans le Larynx, insertion qu'ils ont le front d'imputer à M. F. lui-même : (a) témoin encore leur accusation de Plagiat, au sujet des artères lymphatiques.

Le mauvais succès de cette attaque, n'ôta aux *Conjurés* ni l'envie de se venger, ni l'espoir de nuire. Ils destinèrent à M. F. une place distinguée dans les libelles diffamatoires, qu'ils se proposoient de publier contre les Sçavans du premier Ordre : ils ont eu soin d'y refasser, & d'y reproduire, sous les mêmes couleurs, leur imposture au sujet du *ruban*, toute décriée & anéantie qu'elle est.

(a) *Le but de cette imputation, est de persuader que M. Ferrein n'a nullement trouvé le secret de faire rendre la voix aux Larynx des cadavres, tant de l'homme, que des quadrupedes, & que les sons qu'on entendit, lorsqu'il fit ses expériences à l'Académie, n'étoient réellement que ceux d'un ruban qu'il avoit ajusté dans le Larynx. On ne rappellera pas ici tout ce qu'on a dit à ce sujet dans les Eclaircissemens sur le mécanisme de la Voix. On se contentera de faire remarquer que cette supposition, démentie par le témoignage même de l'Académie, est d'autant plus absurde, qu'une infinité de personnes, comme des Professeurs, des Docteurs en Medecine, ont répété, avec le même succès, les expériences de M. F. & que l'Auteur de la Lettre Anonyme, avoue en plusieurs endroits, y avoir réussi lui-même ; voy. les p. 14. 22. 23. 24. 35. &c.*

L'un de ces libelles est celui qu'ils ont fait courir en Manuscrit contre ces Sçavans, qui font en même-tems l'ornement de la France, & d'une Compagnie illustre, dont la gloire rejaillit sur ceux même qui travaillent à l'obscurcir. Heureusement pour les Auteurs de cet Ecrit, la crainte de la vengeance publique, le leur a fait replonger dans les ténébres, où il avoit été conçû.

Daignera-t'on parler ici de tous ces autres libelles que quelques-uns des *Conjurés* avoient ébauchés, & qu'un des Membres de leur Société, affrontant la rigueur des *Loix*, & bravant la justice du ministère, a achevés & mis au jour. Quel est le Citoyen qui ait pû lire ces exécrables Ouvrages, sans se soulever contre l'Auteur, qui a annoncé lui-même tout ce dont il étoit capable, en attaquant l'immortalité de l'ame, pour établir le *matérialisme*, ébranler les fondemens les plus sacrés de la Religion, ouvrir la porte à tous les vices, jetter le trouble & le desordre dans toutes les Sociétés. Après avoir osé s'en prendre à la Divinité même, & la citer, pour ainsi dire à son Tribunal, est-il étonnant qu'il ne se soit fait qu'un jeu de dégrader tous ces Génies, qui par l'étendue & la profondeur de leurs connoissances, semblent faits pour reculer les bornes de l'esprit humain, & exciter l'envie des Nations étrangères ? Est-il étonnant qu'un pareil Ecrivain, accoutumé à souiller tout ce qu'il touche, ait vomi les calomnies les plus affreuses contre la réputation, les mœurs, la probité de tant d'hommes illustres dans tous les genres ? Est-il étonnant que l'ambition & la jalousie qui dévo-

... celui qui l'infpire, l'acharnent finguliére-
ment contre ceux des Medecins, foit de la
Cour, foit de la Ville, que la capacité la plus re-
connue, & le mérite le plus éclatant, peuvent
élever à la premiere place. Tant d'horreurs
font voir, à la honte de la Profeffion, qu'elle
a dans fon fein des monftres, dont l'humanité
elle-même rougit. Mais quittons ces objets
odieux ; que pourrions-nous dire qui pût éga-
ler l'indignation du Public ? de pareilles
productions ne méritent d'être réfutées que
par le fupplice de leurs Auteurs.

> *Raro antecedentem fceleftum,*
> *Deferuit pede pana claudo.* (a).

a Horace
3. od. 2.

Une Société, telle que celle que nous venons de repréfenter, avoit naturellement befoin d'un homme qui eut toujours les armes à
la main, elle jetta les yeux fur L. D. F. contre lequel elle a depuis déclaré, ne craignant
plus qu'il révélât le fecret. Ce Journalifte prit
donc fous fa protection la *Lettre* Anonyme contre le fentiment de M. F. fur la formation de
la Voix ; il n'oublia rien pour faire valoir cet
Ecrit, il rétracta à cette occafion les éloges
qu'il avoit faits, & de la découverte de M.
F. & d'une Thèfe ou l'Auteur l'avoit adoptée.

Un changement fi vifiblement partial, donna lieu à la *réponfe*, dans laquelle on démontra
qu'il n'avoit entendu le fentiment de M. F.
ni lorfqu'il l'avoit loué, ni lorfqu'il l'avoit
blâmé (b).

(b) *Cette Piéce a pour titre*, Lettre à M.

Céux qui ont saifi la diftinction Métaphi-
fique que l'Auteur a faite dans cette Réponfe,
de M. l'*Abbé Desfontaines* avec M. *Burlon de*
la Bufbaquerie, ont fenti toute la force & toute
l'expreffion du Medaillon d'*Hyperbolus*.

D'autres ne connoiffant pas M. Burlon, & ne
fçachant pas qu'il n'avoit jamais exifté que
dans la perfonne de cet Abbé, ont trouvé à
redire à l'application du portrait d'Hyperbolus.
» Quel-que foit M. Burlon, ont-ils dit, ce Por-
» trait ne fçauroit lui convenir, comme à
» l'Abbé Desfontaines, s'il vient à s'y recon-
» noître l'Auteur aura lieu de fe repen-
» tir, de l'avoir pris pour juge de fon diffé-
» rend avec M. Burlon. »

On voit par la clef qu'on vient de donner
que l'Auteur faifoit affez peu de cas du reffen-
timent de M. L. D. F. puifqu'il n'a pas craint
de le faire juge de fes propres bévues.

Un des *Conjurés*, qui fe donne pour grand
Algébrifte, ne manquera pas de répéter
» à ce propos ce qu'il a déja avancé. » l'Ab-
» bé D. F. a-t-il dit, n'a pas vû la Lettre
» qu'on lui a adreffée; d'ailleurs, il étoit hors
» d'état d'y répondre lorfqu'elle a paru : fi
» l'on a vû depuis ce tems quelques-unes de
» fes Feuilles, peut-on ignorer que c'étoient

_____

l'Abbé des Fontaines, *ou* Réponfe à la Critique
que fait M. Burlon, &c. (*dans fes* Jugemens fur
quelques Ouvrages nouveaux) *du fentiment de*
M. Ferrein *fur la formation de la* Voix hu-
maine.

» des Piéces de réſerve , dont il n'a fait uſage
» que pour paroître mourir les armes à la
» main. L'Auteur de la *Réponſe* a profité de
» ces circonſtances , ſans leſquelles il n'eut pû
» que redouter ce *formidable* Journaliſte. »

Ce diſcours demande qu'on faſſe part au
Public d'un fait que le *Calculateur* , lié comme il étoit avec le Journaliſte ne devroit pas
ignorer. M.L.D.F. a vû la *Réponſe* en queſtion ;
elle lui fut envoyée manuſcrite , l'Auteur mit
ſous la même enveloppe le billet ſuivant. »

» Monſieur.... on dit que lorſque vous n'avez
» rien de mieux à faire , vous prenez la
» peine d'écrire contre vous-même , pour
» goûter enſuite le plaiſir que donne la vic-
» toire. Comme les objections que vous vous
» faites ſont de peu de conſéquence , & tou-
» jours dictées par l'amour propre ; vous n'a-
» vez pas de peine à les détruire ; auſſi vous
» en revient-il peu de gloire. *Amat victoria*
» *Curam,* (*a*) C'eſt pour cela que j'ai taché
» de vous fournir matiere à un triomphe
» éclatant , en vous mettant hors d'état de
» vous ſervir à mon égard de ces repliques
» uſées & ſans diſcuſſion , qui vous ont ſi ſou-
» vent tiré d'affaire. Duſſiez - vous ennuyer
» le Public , il faut vous réſoudre à répon-
» dre *ad rem* ; ou à me demander un Extrait
» de ma Théſe ſur la découverte de M. Ferrein,
» que vous inſérerez avec une rétractation con-
» venable , dans votre premiere feuille. Si ce
» dernier parti vous paroît plus difficile que
» le premier ; attendez-vous a voir ma Lettre
» rendue publique : l'intérêt de la vérité ,

(*a*) Ca-
tullus.

» l'honneur de M. Ferrein & le mien, m'y obli-
» gent indifpenfablement. Je vous donne la
» huitaine pour vous déterminer. »

Je fuis , &c.

A Paris ce 5 Octobre 1745.

La Réponfe n'étant point venue au jour
marqué, l'Auteur travailla férieufement à avoir
l'Approbation des deux Lettres qu'il a données *fur la Voix* ; & de celle qu'il donne
aujourd'hui fur les *lymphatiques* : il l'obtint
& publia en conféquence , fa *Réponfe* à M.
L. D. F. Les *Eclairciffemens fur le mécanifme de la Voix* , &c. parurent enfuite ; des
raifons particulières ont empêché de mettre
plûtôt au jour la Lettre fuivante , quoiqu'elle
foit imprimée depuis longtems.

Au refte , fi M. *l'Algébrifte* , ou ceux de
fes Collègues , qui avoient engagé L. D. F. à fe
joindre à eux , étoient véritablement fes
Amis , & s'ils trouvent qu'on l'ait mal refuté
les conditions qu'on lui avoit impofées (p. 58.)
s'adreffent à eux , ils n'ont qu'à fe montrer ,
& à répondre pour lui.

LETTRE

A M. BERTIN, MEDECIN, sur les Nouvelles Artères & veines lymphatiques de Monsieur Ferrein.

MONSIEUR,

VOTRE Disciple Anonyme ne s'est pas contenté dans sa *Lettre sur le nouveau systême de la Voix*, d'attaquer les découvertes que M. Ferrein a faites sur cette matière ; il a encore osé accuser de *Plagiat*, cet illustre Medecin, au sujet de l'une des découvertes qui fait le plus d'honneur à l'Anatomie moderne : c'est celle des *nouvelles artères & veines lymphatiques*, qu'il a démontrées à l'Académie des Sciences, & fait connoître au Public, par une sçavante Dissertation inférée dans les Mémoires de cette Académie (*a*). (*a*) Vol. 1741.

La querelle que cet Auteur intente ici à M. F. ne me regarde pas per- P. 371.

A

fonnellement comme celle qui a rapport au mécanifme de la voix ; mais l'engagement que j'ai pris avec vous, & avec le Public, pour la *Réfutation* entiére de la Brochure Anónyme, m'oblige indifpenfablement d'entrer dans cette nouvelle difpute. On pourroit tirer de mon filence, à cet égard, des conféquences aufli injurieufes à M. F. que préjudiciables aux intérêts de la vérité. D'ailleurs, ce que j'ai à dire au fujet des nouveaux lymphatiques ne fervira pas peu à démafquer l'Auteur de la Lettre Anonyme, & à faire connoître le Génie qui le conduit.

Il ne s'agit point ici de la réalité de la découverte de ces lymphatiques, ou de la vérité des Obfervations de M. F. Le Critique ne jette aucun doute là deffus ; il eft feulement queftion de fçavoir à qui appartient l'honneur de la découverte : fi l'époque doit en remonter au Siécle paffé, ou fi elle doit être prife dans ces derniers tems, fi ces vaiffeaux ont été connus de Nuck, Ruyfch, Hovius, comme l'Auteur de la Lettre trouve bon de le fuppofer, ou fi M.

Ferrein eſt le premier qui les ait démontrés , comme les Sçavans en ſont
convaincus.

Pour mettre le Lecteur au fait , il
eſt abſolument néceſſaire de reprendre
la choſe de plus haut.

Avicenne , Philoſophe , & Medecin
Arabe , prétend que les ligamens , les
tendons, les membranes , &c. ſe nour-
riſſent d'un ſuc blancheâtre , appellé
par les Anciens *humor inſitus* ou *innomi-
natus*. Cette Liqueur n'eſt , ſelon eux,
que le ſang même qui a perdu ſa couleur rouge dans les rameaux les plus
déliés des vaiſſeaux qui le conduiſent
dans ces parties.

Ce ſentiment a eu pour lui les Medecins qui ont écrit depuis Avicenne ,
juſqu'au tems de la découverte de la
circulation du ſang. Lewenhoek, qui
a vécu depuis ce tems , prétend avoir
vû ce changement merveilleux , à la
faveur de ſes excellens Microſcopes.
Selon lui , chaque partie , ou globule
rouge , gêné , preſſé par la petiteſſe
des vaiſſeaux capillaires , ſe ſépare en
ſix globules , dans leſquels on ne remarque plus la couleur rouge.

Ces Obſervations ont enlevé les ſuf-

A ij

[4]

frages des Medecins modernes les plus célébres, parmi lesquels on ne doit pas oublier de compter l'illustre M. Ruyfch, qui se déclare par-tout en faveur de ce sentiment (a).

Tout cela n'a cependant pas empêché quelques Physiciens de s'éloigner des idées reçûes. Ils ont fait réflexion, que le fang renfermoit dans fa mafle différentes humeurs *fécondaires*, comme la falive, la bile, l'urine, &c. qui s'en féparent dans des couloirs particuliers : de-là l'idée de différens genres de tuyaux, ou d'artéres dans lesquels chaque fluide coule du tronc vers les branches, ou du centre à la circonférence ; car, quoique l'Anatomie, qui ne juge que fur le rapport des fens, n'ait connu jufqu'ici d'autres artéres que celles qui

(a) Voyez entre autres fa feizième Lettre problématique, où il s'exprime ainfi : *Interim credere non poffum aliquem offenfurum iffe ad illum lapidem, fcilicet quod ftatuerim in ultimis omnino extremitatibus arteriolarum, loco fanguinis rubri, in ftatu perfectiore & fano lauicem Chylo-ferofum Hofpitari.... fanguis enim rubedinem exuit antequam viam ad ultimum extremum abfolverit.* Pag. 6, du Tom. 2. La Lettre eft dattée du 10 Décembre 1713.

conduisent le sang : l'imagination des Physiciens n'a pas laissé d'en enfanter plusieurs autres , telles que les artères *spiritueuses* , (*a*) *adipeuses* , *laiteuses* , *salivaires* , *biliaires* , &c.

Comme le sang contient une liqueur ténue, & lymphatique , dans laquelle les globules nagent , on a aussi supposé des artéres pour la conduire. On les a nommées *artéres lymphatiques*. M. Vieussens donna la premiére ébauche de ce Systême (*b*) en 1705.

Il y a une différence infinie entre les *artéres lymphatiques* , & ce qu'on appelle vulgairement , *vaisseaux lymphatiques* , ou lymphatiques Bartholiniens : ceux-ci sont des canaux purement veineux, connus de tout le monde , depuis près d'un Siécle ; ils sont garnis de valvules , (*c*) de distance en

(*a*) Vid. vieuss & Boerhaave. instit. n°. 236.

(*b*) vieuss. Vasor. Systêm.

(*c*) La chose du monde , à laquelle les Anatomistes se feroient le moins attendu , c'est à une exception à cette régle. M. Ferrein l'a cependant trouvée ; il a découvert un rezeau lymphatique , qui regne sur toute la surface du poumon , & qui marque exactement la division des lobules de ce viscere. Les lymphatiques qui composent ce rezeau singulier , sont du genre des lymphatiques ordinaires , mais dépourvus de valvules , ce qui peut les

A iij

diftance ; ils reçoivent des différentes
parties du corps une liqueur limpide
qu'ils conduifent de la circonférence
vers le centre , & qu'ils verfent par des
troncs affez gros , foit dans le réfer-
voir du chyle , foit dans le canal thorachique , foit dans les veines foucla-
vières : il n'y a point d'Anatomifte
qui n'ait eu occafion de voir ces vaiffeaux après l'ouverture des animaux
vivans : leur diametre & leur étendue
les font aifément remarquer quand
ils font pleins de liqueur ; mais ce ne
font pas-là les vaiffeaux dont il s'a-
git ; il eft queftion , je le répéte , d'un
nouveau genre d'artères inconnues à
l'Anatomie , & qu'on n'a regardé jufqu'ici, que comme des êtres invifibles ,
& purement fyftématiques.

Suivant ce fyftême , la partie rouge
ou globuleufe du fang doit toujours
fuivre la route des artères fanguines ,

faire paffer pour une efpéce particulière.
Voyez l'Hiftoire de l'Académie , année 1733.
pag. 38. Voyez auffi la Théfe foutenue à la
Faculté le 13 Novembre 1738. fous la Préfi-
dence de M. Ferrein ; cette Théfe a pour titre :
*An actio Mechanica Pulmonum in fluida , tem-
pore expirationis ?*

...ter dans les veines congéné-
...dit que la partie blanche ou
...unique... sépare du reste de la
... pour ... les orifices des arté-
...es lymphatiques qui la conduisent par
leurs divisions, de la même maniere
que les ... sanguines conduisent
... dans les parties.

Ce que nous avons dit jusqu'ici suffit pour faire connoître les vûes que
pourroit fournir un pareil principe ;
mais malheureusement tout cela n'a
été depuis quarante ans, qu'une hypothése, admise par les uns, rejettée
par les autres, & négligée du plus
grand nombre ; c'est pour cela que les
Physiciens les plus éclairés, loin de
prononcer sur un point aussi obscur,
ont crû devoir le mettre au rang de ces
mysteres, dont la nature semble s'être
... le secret.

Les Partisans des arteres, dont on
parle, s'éloignent peu de cette idée,
l'illustre M. Boerhaave, (a) sans le
nom duquel cette hypothése seroit en-
... dans l'oubli ; Messieurs Van

_____

(a) Arteriæ (lymphaticæ)... præ luciditate
invisibiles. Institut. n°. 246.

A iiij

Swieten, (*a*) & Haller (*b*), qui ont donné depuis peu de sçavans Commentaires sur les Ecrits de cet Auteur; Messieurs Helvetius, Falconet, Silva de Villers, Senac; en un mot, tous les Sectateurs les plus illustres & les plus récens des artères lymphatiques, conviennent unanimement, que l'Anatomie n'a jamais découvert le moindre de ces vaisseaux, ou même qu'on ne sçauroit parvenir à les démontrer.

M. Ferrein a fait à cet égard ce qui paroissoit impossible aux Défenseurs les plus zélés de ce systême; il a découvert ces artères dans différentes parties du corps; il a apperçu leur origine, leur progrès, leur *aboutissement :* c'est ce qu'il démontra à l'Académie Royale des Sciences, en 1738 : (*c*)

(*c*) V. l'Hist. Acad. de cette année, p. 46.

(*a*) Cet Auteur parle ainsi de ces artères. *De quibus per Analogiam tantum aliquid dicere possumus, Anatomicæ enim horum vasorum demonstrationes deficiunt.* Van Swieten. Tom. I. *De obstructione*, pag. 186. & *passim.*

(*b*) *Quas arterias negabit perperam, qui argumento oculorum utetur. Solo nempe Microscopio conspici potest arteria rubra minima, quæ & major est, & liquorem adeo tinctum vehit; non ergo peti potest ut oculis demonstretur arteria lymphatica, quæ & exilior est, & pellucidum liquorem vehit,* &c. Haller, Tom. I. p. 490.

Il fit voir sur les yeux de l'homme un nombre prodigieux, d'artères lymphatiques qui se distribuent d'une maniere tout - à - fait admirable ; dans cette membrane de l'œil , qu'on nomme *l'uvée* ; on vît distinctement que ces artères partent des artéres sanguines : qu'elles vont en se divisant & se subdivisant , du grand cercle de l'uvée , vers la pupille ou prunelle , & qu'elles sont accompagnées de veines de même nature qui vont se rendre dans les veines sanguines de la *choroïde*. La substance de l'uvée paroît uniquement formée des nouveaux lymphatiques , tant artériels que veineux. C'est ce qu'on voit beaucoup plus aisément sur les yeux bleus ou bleuâtres , que sur les yeux noirs , feuille-morte , &c *(a)*.

C'est ainsi que les Sciences exactes (l'Anatomie est assurément de ce nom-

---

(a) Ceux qui souhaiteront un détail plus exact sur cette matière , le trouveront dans le Mémoire de M. Ferrein , avec les moyens de vérifier tout qui a rapport à cette découverte, & quantité d'observations nouvelles & intéressantes , comme celles de l'*anneau* & du *rezeau* de la *choroïde*, découverts & démontrés par ce sçavant Anatomiste , &c.

bre) mettent à profit jufques aux conjectures les plus hazardées ; & ce n'eft
pas la première fois que les hypothéfes
ont fourni matière à des découvertes,
ou plûtôt qu'elles font devenues elles-
même des découvertes, *il y en a peu*

M. de
Mairan
p. 49.

d'importantes, dit en cette occafion
l'Hiftorien de l'Académie, *que l'imagi-*
nation n'ait faifies ou effleurées d'avance.

Il faudroit être bien Novice dans la
Science du corps humain, pour ignorer que la nouvelle découverte des
artères & veines lymphatiques dont
M. Ferrein nous a fi heureufement
donné l'*Autopfie*, n'eft pas feulement la plus délicate & la plus fingu-
lière, mais encore la plus intéreffante
& la plus utile qu'on ait fait en Anatomie, depuis le commencement de
ce Siécle ; pour juger de fon im-
portance, il fuffit de faire attention
aux vûes générales qu'elle embraffe,
& aux conféquences lumineufes qui
en découlent ; c'eft le fondement d'u-
ne nouvelle circulation, & d'une circulation d'où dépendent immédiate-
ment, l'accroiffement des parties, la
fécrétion des humeurs, & une infinité
d'autres fonctions, dont on n'a eu juf-

qu'ici que des idées confuses, fausses
ou incertaines. En faut-il être surpris ? Ces idées n'étoient fondées que
sur des hypothéses, qui, comme le
remarque à ce propos M. de Mairan,
servent bien à expliquer des faits connus,
mais non pas à faire connoître ceux qui sont
cachés. Les vérités qu'on ne fait que
soupçonner, ne sont pas des vérités
pour nous; elles n'ont droit, ni de régler
nos vûes, ni de fixer nos jugemens.
Un Médecin peut parler, raisonner,
mais non pas agir sur une hypothése ;
de-là vient que la Medecine & l'Anatomie n'ont jamais mis au rang des
Inventeurs, ceux qui ont imaginé ou
même deviné ; mais uniquement ceux
qui ont trouvé & démontré : C'est à
ce titre que la découverte, dont nous
parlons, appartient incontestablement
à M. Ferrein.

Personne n'est en état de décider si
toutes les menues Observations, dont
quelques Anatomistes modernes cher-
chent à se parer, ont en effet, le mé-
rité de la nouveauté; il seroit honteux
d'être si sçavant dans l'Histoire des
minuties ; il n'en est pas de même des
découvertes importantes, elles ne

A vj

reftent jamais cachées, & l'on ne fçauroit être plagiaire en ce genre avec impunité ; le nom de leurs premiers Auteurs eft ordinairement connu des moindres Anatomiftes : la propriété de celle-ci eft affurée à M. Ferrein, par les fuffrages de l'Académie, *(a)* & ce jugement fe trouve confirmé par l'autorité même des Sectateurs des artères lymphatiques, puifque, comme nous l'avons déja fait remarquer, ceux qui ont écrit avant ce Medecin, conviennent unaniment qu'on ne fçauroit démontrer ces vaiffeaux.

(a) V. l'Hift. des années 1738 & 1741.

Cependant fur un paffage de M. F. que nous aurons occafion de rapporter, un Profeffeur d'Anatomie, *dont* le Cenfeur affure, que *le Public regretera long-tems la perte*, effaya en l'abfence de M. F. de perfuader à une Compagnie dont il étoit Membre, que Ruyfch avoit déja découvert les artères lymphatiques de l'uvée. Les efforts qu'il fit pour cela lui réuffirent fi mal, que las de fatiguer inutilement les oreilles fçavantes ; il n'adreffa plus fes difcours qu'à certains Amis, ou a fes Difciples ; c'eft-à-dire, à ceux qui, comme parle

Pag. 5.

Ciceron: *(a) Desinunt suum judicium ad-* (a)Lib. *hibere , & id habent ratum , quod ab eo ,* 1. *de quem probant , judicatum vident.* Pour les *naturâ* mieux persuader , il leur faisoit voir *deorum* à la hâte dans les Planches de Ruysch des figures , ou ce grand Anatomiste avoit , disoit-il , représenté les artè-res lymphatiques de l'uvée , il avoit seulement la précaution de cacher le texte & l'explication de ces figures; il se contentoit d'y suppléer par un Com-mentaire de sa façon. C'est de quoi j'ai moi-même été témoin. L'hommage qu'on doit à la vérité m'oblige de le déclarer ici , cela servira d'ailleurs à développer ce qui regarde la Lettre Anonyme , dont je vais maintenant rendre compte.

L'Auteur de cette Piece , ancien Disciple , comme vous sçavez , de ce Professeur , vient d'enchérir sur lui : il joint l'autorité de Nuck & d'Ho-vius à celle de Ruysch , & il ose ex-poser au Public , ce que son Maître n'osoit plus confier qu'à des person-nes , dont les lumières ne lui étoient pas suspectes : Voici comme il s'ex-prime (page 37 de sa Brochure.)

» Je demande à M. F. dit-il ironi-» quement, s'il croiroit qu'on pût faire

» quelque nouvelle découverte fur
» l'exiſtence des artéres lymphatiques
» de l'uvée ; Ruyſch les a vûes, il les
» a fait deſſiner : Selon lui elles ne
» renferment point de ſang rouge.
» Hovius a vû les mêmes vaiſſeaux ;
» ce ſont, dit-il, des artéres lympha-
» tiques. Nuck les a décrites : ainſi ,
» que reſte-t'il à ceux qui les décou-
» vriront après ces Anatomiſtes ? La
» gloire de confirmer une découverte
» qui n'a plus beſoin de nouveaux té-
» moins. »

Ce diſcours n'eſt pas ſeulement in-
jurieux à M. Ferrein, mais encore à
l'Académie, & généralement à tous
les Sçavans de ces derniers tems ; c'eſt
ſuppoſer que les Boerhaave, les Van
Swieten, (a) les Haller, &c. ont été
aſſez aveugles, aſſez ignorans pour ne
ſoutenir qu'à titre d'hypothéſe, pour
regarder même, comme impoſſible,

(a) Je ferai remarquer en paſſant, par rapport
aux endroits de leurs Ouvrages, cités ci-deſſus,
que le Tom. I. d'Haller n'a paru qu'en 1739. & le
Tom. I. de Van Swieten, qu'en 1741. ces Auteurs n'avoient pu voir les Volumes de l'A-
cadémie, où il eſt parlé de la découverte de
M. F. Ces Volumes n'étoient pas encore pu-
bliés.

une découverte qui se trouvoit suivant le Censeur, dans Nuck, Ruysch, Hovius ; c'est-à-dire, dans les Auteurs qui leur étoient les plus familiers. Où sont donc les démonstrations qui doivent établir un paradoxe aussi étrange ? On vient de le voir, je n'ai rien retranché de ce que le Critique dit sur cette matière. Il est lui-même si persuadé que Nuck, que Ruysch, qu'Hovius, n'ont rien dit d'approchant ; qu'il n'a osé, ni rapporter les passages de ces Auteurs, ni citer les Ouvrages, ou il feint qu'on doit les trouver. Il a bien vû que le mystère étoit découvert, s'il fournissoit à ses Lecteurs les moyens de vérifier ce qu'il avance, & c'est pour parér encore mieux à cet inconvénient, qu'il a évité d'indiquer, la Dissertation de M. Ferrein, & le Volume de l'Académie desSciences où elle se trouve. Cependant si jamais on est obligé de donner des preuves claires de ce qu'on avance, (a) c'est sans doute lorsqu'on va contre le témoignage unanime des plus grands Hommes, & qu'on soutient le personnage de

(a) *Qui denuntiant, aut accusant, tenentur nuntiata probare.*

(a) Pes-
simum
delato-
rum ge-
nus. Ta-
cit. Vide
etiam
Balzac.
Loc. Ci-
tat.

délateur. (a) Que sera-ce donc, si celui qui fait ce personnage, n'est qu'un
Anonyme ? Qu'un homme qui craint
d'être connu ? La vérité se montre
avec confiance ; mais le mensonge à
intérêt de se tenir sur la réserve.

Ruysch a vû, dit le Critique, *les
artéres lymphatiques de l'uvée, il les a fait
dessiner, selon lui elles ne renferment point
de sang rouge.*

Peut-on rassembler tant de faussetés
en si peu de mots ?

1°. Il n'est nullement vrai que M.
Ruysch ait connu, ou seulement soup-
çonné l'existence des artéres dont
nous parlons : On défie hardiment le
Censeur de produire aucun endroit de
cet Auteur, qui y ait aucun rapport
direct, ou indirect.

2°. Il est, à plus forte raison, faux
que M. Ruysch ait pensé à faire
dessiner ces artéres, il n'a jamais eu
l'idée de représenter dans l'uvée d'autres vaisseaux, que ceux qui conduisent le sang. Ce qu'il a fait là-dessus
se réduit absolument aux figures 17
& 18 de la 16me Planche, qui sert à
la 13me *Lettre Problématique*, où il est

uniquement queſtion des vaiſſeaux ſanguins , comme on peut le voir , non-ſeulement dans les Explications de M. Ruyſch , (*a*) mais encore dans celles de M. Boerhaave , qui cite ces figures au ſujet des artères ſanguines de l'uvée (*b*) dans celles de Meſ-ſieurs Manget , (*c*) Senac , (*d*) qui ont copié ces mêmes figures.

3°. M. Ruyſch n'a eu garde de dire que les *artères lymphatiques* de l'u-vée, *ne renferment point de ſang rouge*, puiſqu'il n'avoit pas même l'idée de ces artères, & qu'il eſt ridicule de dire qu'elles renferment naturellement du ſang (rouge ou blanc peu im-porte) ce ſeroit ſuppoſer que les artè-res ſanguines & les artères lymphati-ques, que le ſang & la lymphe ne ſont qu'une ſeule & même choſe ; quel trait d'ignorance ! Peut-on prêter une pareille abſurdité à M. Ruyſch !

(*a*) Ruyſch. *Reſponſ. ad Epiſt. Problem. 13. explicat. fig.* 17. & *theſaur. Anatom.* 2. *aſſer.* 2. n°. 2.
(*b*) Inſtitut n°. 521. & 522.
(*c*) Théatr. Anatom.
(*d*) Anatom. d'Heiſter avec des Eſſais de Phyſique.

Je vais plus loin , & je dis qu'encore
que cet Anatomiste fût dans l'opinion
que le fang blanchiffoit dans les extrê-
mités des artères fanguines du corps ,
il ne l'a jamais dit expreffément d'aucun vaiffeau de l'uvée ; tant il eft vrai
qu'il n'y a rien dans cet Auteur qui
puiffe donner lieu à la moindre équivoque , ou faire prendre le change à
ceux qui feroient capables de confon-
dre l'idée d'un *fang* fuppofé *blanchi* avec
celle de *la lymphe.*

Je ferai remarquer en paffant , que
M. Ruyfch a dit des artères fanguines de la *choroïde* , de la *tunique
Ruyfchiéne* , & de la *rétine* ; ce que le
Cenfeur fuppofe fauffement , que ce
Medecin a dit des *artéres lymphatiques
de l'uvée* ; M. Ruyfch affure donc que
les artères fanguines répandues dans
ces trois membranes charrient un fang
qui n'eft pas rouge, *fanguinem rubicun-*
a Epiſt. *dum non gerunt* , *(a)* & c'eft en quoi il
problêm s'eft vifiblement trompé ; quand on
1 3. & examine ces artères dans l'état na-
paſſim. turel , on voit diftinctement , comme dit M. Ferrein , *(b)* qu'elles font

(b) Hovius avoit auffi effayé de détruire l'i-
dée de M. Ruyfch là-deffus, par le raifonne-

pleines d'un ſang rouge & vermeil,
Mais M. Ruyſch ne les avoit vûes
qu'après les avoir remplies d'injection.

Je ne puis m'empêcher de relever
ici un petit *anachroniſme* du Critique :
on fçait que l'idée des artères lymphatiques ne remonte pas au commencement de ce Siécle , & que le premier
ouvrage , où il en ſoit parlé, n'a paru
qu'en 1705. (a) Or les figures de
Ruyſch , & ſa 13.me Lettre problématique , à laquelle elles appartien-
nent , ont été publiées dès l'année
1700. c'eſt-à-dire , cinq ans avant
qu'on eut commencé à parler des artères lymphatiques.

Hovius , pourſuit le Critique , *a vû
les mêmes vaiſſeaux* (que Ruyſch) *ce
ſont , dit-il , des artéres lymphatiques.*

Rien n'eſt plus éloigné de la vérité

ment ſuivant , qui eſt peut-être l'endroit le
plus ſenſé qu'on trouve dans le Livre de cet
Oculiſte : *Quis unquam* , dit-il à M. Ruyſch,
*ſanguinem arterioſum in homine ſano , alio
quam rubicundo colore tinctum . . . . vidit? &
quomodo poſſibile foret, quod in homine ſano ſan-
guis arterioſus rubrum ſibi ingenitum in arteriis
deponeret colorem , eundemque mox iterum de
novo in venis arriperet?* Hovius Epiſt. Apologet.
In Ruyſch. p. 187.

a Vieuſſ.
Vaſor.
Syſtêm.
Amſte-
lædami
1705.

que ce que le Cenſeur avance ici ;
Hovius n'a eu aucune connoiſſance
des vaiſſeaux que M. Ferrein a trou-
vés dans l'uvée , il eſt faux qu'il ait
dit , comme le Cenſeur veut le faire
croire , que *c'étoient des artères lymphatiques.*

Je ferai remarquer ici en paſſant ,
qu'Hovius ſuppoſe dans toutes les parties tant diaphanes que blancheâtres ,
comme le criſtallin , l'humeur vitrée ,
le péricarde, le cerveau , &c. de petits
tuyaux qu'il appelle *neuro-lymphatique* ,
qu'il fait naître *des côtés de* certains *ſer-
pentins artériels & ſanguins*: Hovius veut
que ces vaiſſeaux, ou conduits (*vaſa ,
duʆus , duʆuli*) prétendus neuro-
lymphatiques , aillent ſe terminer dans
les veines ſanguines , ou dans les lymphatiques Bartholiniens, *pour leur ſervir de doublure , & former leurs valvules ;* mais c'eſt un point décidé par le
conſentement unanime des Anatomiſtes , qu'il n'en a jamais apperçu
aucun ; il nie même formellement
en quelques endroits , qu'on ait jamais vû , ou qu'on puiſſe voir d'autres artères que celles qui ſont remplies d'un ſang rouge & vermeil.

Quis umquam , dit-il , *(a)...... arterias*
humore alio quam rubicundo , imo ruti-
lante sanguine impletas vidit ? &c.

Au reste , il est fort singulier qu'on
s'avise de produire l'autorité d'un
homme tel qu'Hovius. Croit-on que
le monde Anatomiste ignore que
l'Ouvrage de cet Auteur n'est qu'un
tissu de fables ? Qui ne sçait que dans
son édition de 1716. il traite lui-même
de fictions (*b*) Poëtiques les préten-
dues découvertes qu'il avoit débitées
avec tant de d'assurance dans son édition de 1702 ? Et qui peut ignorer que
sa seconde édition est pour le moins
aussi remplie de fictions que la première ; le prétendu secret de son in-
ection chymique , celui de guérir les
cataractes les plus invétérées , sans le
secours de l'opération ; les vaisseaux
singuliers qu'il dit avoir découvert
dans les membranes intérieures des
yeux de la taupe , n'en sont que de
légères exquisses.

Nusk, ajoute notre Auteur , *a dé-*

(a) E-
pologet
P. 187.
& pas-
sim.

(b) *Horum (oculorum) fontes , scaturigines ,*
luctus , &c. Phoebi filius tractavi & nimio ar-
dore mentis , pegaseo volatu coelum petii , &c.
Epist. Dedic.

crit les artères lymphatiques de l'uvée.

Comme le Cenfeur fe contente d'avancer le fait ; il me fuffit auffi de le nier : ce fait n'eft pas feulement faux, mais encore abfurde, puifque l'idée des artères lymphatiques confidérées en général ou en particulier, eft poftérieure de plufieurs années aux écrits de cet Auteur.

Telles font les objections du Cenfeur au fujet de la découverte des artères lymphatiques, car il ne contefte pas à M. Ferrein celle des nouvelles veines lymphatiques qui les accompagnent.

On fçait que plufieurs Anatomifte avoient apperçu les veines lactées, le canal thorachique, les lymphatique ordinaires ou Bartholiniens fans le connoître, qu'ils en avoient même publié des defcriptions fous de faux titres, long-tems avant que ceux qui font venus après eux en euffent fait la découverte ; c'eft ce qu'on peut voir dans les Differtations d'Afellius & de Pecquet, l'un Inventeur des veines lactées, & l'autre du canal thorachique. Je dirois volontiers à ce propo

qu'on n'a peut-être jamais trouvé aucune nouveauté dans la nature dont
l'objet ne se fut offert aux yeux long-
tems avant qu'on en ait fait la découverte.

On peut donc démander s'il n'en a
pas été de même des nouvelles artères
lymphatiques , si elles n'avoient pas
été apperçûes avant M. Ferrein , par
d'autres Anatomistes qui auroient pû
les voir , sans les connoître.

M. F. aussi attentif à rendre justice
à ceux qui l'ont précédé , qu'à ses
Contemporains, s'est proposé ce Pro-
blême dans sa Dissertation , & il pan-
che vers l'affirmative ; voici comme il
s'en explique (a).

» Il y a lieu de croire qu'on avoit
» apperçu plus d'une fois ces artères
» sans les connoître. L'idée des fibres ,
» que plus d'un illustre Anatomistes
» (Eustach. tab. 40. fig. 8. & 9. Boerh.
» Institut. §. 520.) ont attribuées à la face
» antérieure de l'uvée, ne seroit-elle
» pas fondée là-dessus ? Les vaisseaux
» sanguins , que M. Ruysch recon-
» noît (Epist. Problém. 13. fig. 17. &
» 18.) dans cette membrane, & dont
» il paroît avoir entierement ignoré

(a (M.
Acad.
1741.
381.

» l'origine, ne font fans doute que ces
» mêmes artères lymphatiques , ou ,
» pour parler plus exactement , quel-
» ques-unes de ces artères déguifées
» par l'injection dont elles étoient
» remplies ; on pourroit penfer la mê-
» me chofe des vaiffeaux fanguins que
» M. Hovius dit avoir vûs dans l'uvée
» du mouton & du veau. »

Telles font les conjectures de M.
Ferrein.

Quant à moi , qui malgré la haute
eftime que j'ai pour lui , n'ai pris fon
parti qu'autant que l'équité & l'évi-
dence parloient en fa faveur. Je dirai
librement ici ce que je penfe. Les figures que cite cet Académicien , confidérées en elles-mêmes , ne repréfentent pas plûtôt des artères lymphatiques , que des veines du même
genre , que des artères ou veines fanguines , que des nerfs , des fibres , &c.
D'ailleurs , elles m'ont paru en toute
maniere très-défectueufes , & très-im-
parfaites , fans compter qu'il n'y a rien
qui aide à faire connoître l'origine de
ces fibres ou de ces vaiffeaux ; j'ai
comparé attentivement ces différentes
figures avec les artères lymphatiques
de

de l'uvée, & j'avoue que je n'ai rien
vû qui m'ait paru favoriser la conjecture de M. Ferrein.

On fçait qu'il y a ordinairement
dans une même partie, des artéres
fanguines, des veines fanguines, des
nerfs, &c. dont les diftributions fe
fuivent & s'accompagnent affez exactement; ce font prefque toujours les
mêmes divifions, les mêmes fubdivi-
fions, le même arrangement; or il eft
certain que les figures de M. Ruyfch,
ont moins de rapport avec les artéres
lymphatiques de l'uvée, que les différens genres de vaiffeaux d'une même partie n'en ont ordinairement
entr'eux; comment peut-on donc fçavoir fi c'eft plûtôt d'après les artéres lymphatiques, que d'après d'autres vaiffeaux que les figures citées
ont été faites ? Cela me paroîtroit
plûtôt vrai de la figure 16 (même
Planche) où M. Ruyfch a voulu ex-
primer les fibres radieufes de la face
intérieure de l'uvée. A en juger par
la maniére dont il a répréfenté la plûpart de ces fibres, il n'y a, ce me femble, que les artéres ou veines lymphatiques qui ayent pû lui fervir de modèle.

B

A l'égard de l'idée de M. F. au sujet d'Hovius, je la crois encore moins fondée que l'autre : c'est de quoi je pense que M. F. ne disconviendra pas ; son soupçon étoit, sans doute, appuyé sur la figure *vermiculaire* ou *serpentine*, qu'Hovius attribue aux vaisseaux sanguins de *l'uvée*, mais M. F. peut se rappeller que cette figure ne signifie rien chez Hovius ; cet Auteur admettant indifféremment, & même contre l'autopsie anatomique, des vaisseaux *sanguins, vermiculaires & serpentins* dans presque toutes les parties du corps.

Je ne prétens pas pour cela m'inscrire en faux contre les conjectures de M. F. je crois seulement que ses soupçons sont moins fondés sur le rapport des figures, que sur l'impossibilité où il s'est trouvé de découvrir les parties que ses prédécesseurs ont voulu représenter. Les connoissances particulières qu'il a de l'œil, peuvent autoriser chez lui des idées qu'il seroit peut-être impossible à tout autre que lui de justifier.

Quoiqu'il en soit, si sa conjecture est fondée, on peut en inférer : 1°. que

la découverte des artères dont nous
parlons , a dû être d'une extrême
difficulté. 2°. Que Ruysch & Hovius
en étoient encore plus éloignés que
nous n'avions dit d'abord. 3°. Que la
méprise de ces Auteurs ne pouvoit
servir qu'à perpétuer leur erreur : les
préjugés étant, comme on le sçait,
un des plus grands obstacles à nos connoissances. 4°. Qu'on ne pouvoit reconnoître ou soupçonner cette méprise qu'après la découverte & l'avertis-
sement même de M. F. 5°. Que l'u-
sage où étoient ces deux Auteurs,
(Ruysch & Hovius) de n'examiner
les petits vaisseaux, & sur-tout ceux
qui demandent le secours des verres,
qu'à la faveur des injections , les met-
toit dans l'impossibilité de reconnoître
les artères lymphatiques qui auroient
pû s'offrir à leurs yeux.

Il n'y a pas même apparence qu'on
les eut jamais découvertes , sans cette
suite heureuse d'idées, de réflexions &
de ressources qui ont servi de fil à M.
Ferrein.

Tout ce que nous avons dit jusqu'ici suffit pour faire juger de la
droiture & de l'équité du Censeur.

C ij

Il n'y à presque point de Fable qui ne porte sur quelque fait Historique altéré ou déguisé ; notre Critique, à l'exemple de son Maître, a pris dans la Dissertation même de M. F. le fondement de la sienne. Il y a vû que les artères lymphatiques s'étoient peut-être offertes aux yeux de Ruysch & de quelques autres, quoique sous de fausses apparences ; sur cela, feignant d'ignorer tout ce que M. F. a dit là-dessus, il travestit la conjecture de cet Académicien en certitude ; il fait plus, il forme un tissu de fictions contraires aux faits Historiques rapportés par ce Sçavant Médecin, & il a le front de les lui opposer avec la même sécurité, que si c'étoient des vérités incontestables ou inconnues à M. F.

Je ne ferai aucune réflexion sur ce trait de dissimulation & de supercherie, je sens que l'indignation du Lecteur prévient d'avance tout ce que je pourrois dire là-dessus.

Au reste, je suis surpris que notre Critique n'ait pas aussi produit l'autorité de Vieussens; c'est une opinion reçue chez la plûpart des Physiciens de

nos jours, que ce Medecin a eu la premiere idée des arteres lymphatiques.
M. Ferrein, qui semble s'être fait une
regle de donner trop à ceux qui l'ont
precedés plutôt que de leur rien ôter,
s'est prêté à cette idée ; je l'ai aussi en
quelque sorte adoptée jusqu'à présent,
pour ne point m'éloigner de mon sujet ;
mais j'ai fait réfléxion que l'Anonyme
pourroit peut-être s'en servir comme
d'une dernière resource après sa défaite : Souffrés donc, Monsieur, que je
lui ôte ce subterfuge, dont j'apprens
que quelques uns de vos Auditeurs,
sans avoir jamais lû Vieussens, commencent déja à faire usage. Je ne nie-
rai pas que Vieussens n'ait pû donner
lieu à l'idée des arteres lymphatiques,
mais je soutiens qu'il n'en a jamais été
l'Auteur. Cette idée appartient, si je
ne me trompe, à l'illustre M. Boerhaave ; si ce grand homme a évité de
nous l'apprendre, sa modestie n'en mérite que plus d'éloges.

Les *conduits* lymphatiques imaginés
par Vieussens, sont entierement différens des arteres lymphatiques dont
parle Boerhaave & dont nous devons
la découverte à M. Ferrein. Vieussens

définit ses *conduits* , *ductus lymphatico-vesiculoso - arteriofo - nerveos.* Voici les raisons qu'il en donne ; il les appelle *vesiculaires* , parce qu'ils sont des productions (*propagines*) des *vesicules senfibles* de la tunique extérieure des artères , & qu'ils *ressemblent à un collier de perles* ; il les nomme *artériels* , non qu'il les regarde comme des artères , mais uniquement parce qu'ils naissent des artères , & qu'ils contiennent une liqueur qui en vient. Il les appelle encore *nerveux* , parce que les nerfs entrent dans leur composition , & vîdent au dedans le suc animal qu'ils charrient. Enfin il y en a , selon lui , de toutes sortes de couleurs , & de 12 ou 13 espêces.

C'est avec de pareilles chimères que Vieuffens se flattoit de connoître tout ce qu'il y a de caché dans le corps humain. On diroit que tous les myftères de la Nature se dèveloppoient en sa préfence : A l'en croire il avoit vù la première origine des tuyaux secrétoires de la graiffe , de la bile , de l'urine, &c; la ftructure anatomique des fibres , leur réfolution en vaiffeaux fenfibles ; la naiffance & le progrès des vaiffeaux abforbans ; C'étoient tous faits conffous, il les avoit démontrés, il n'étoit plus permis d'en douter. [a]

Quel beau champ pour le Critique ! comment a-t'il oublié d'y entrer ? Un pareil Roman n'auroit pas dû lui paroître plus difficile à rajuster que les endroits de Ruyfch & d'Hovius (b) qu'il a travestis d'une maniere si singuliére & si surprenante.

Que pensez-vous à présent, Monsieur, de votre Disciple ? Vous êtes témoins des démentis qu'on a été forcé de lui donner ; vous le serez

(a) Ce que je dis ici de M. Vieussens, ne regarde pas sa neuro-logie, Ouvrage estimé, & en effet estimable, qui lui merita de la Cour une pension viagere de 1000 liv. Il n'est question que de ces Traités qu'il a faits dans un âge ou la force de l'esprit est sujéte à baisser & à diminuer avec celle des yeux & du reste du corps : Tels sont, son *Nouveau Syfême des Vaisseaux*, son *Traité des liqueurs du corps humain*, & celui *Du Mouvement du cœur*. Les fictions les plus chimeriques y sont mises au niveau des vérités demontrées.

(b) *Hovius*, dans son Traité *De circulari humorum motu in oculis*, n'a guéres été que le Singe de Vieussens, qu'il appelle partout son *Coryphée*.

encore du défi que je lui fais de se
juftifier fur aucun des points qu'on
lui a niés ; il ne peut fe taire en cette
occafion , que fon filence ne foit pris
pour un honteux défaveu. C'eft une
circonftance défagréable pour vous ,
Monfieur , les fautes des Difciples ,
font , dit-on , fouvent rougir les Maî-
tres , *peccata difcentium opprobria funt
doctorum*. Ce qui rend l'application
du proverbe plus jufte en cette occafion , c'eft que le Public affure que
vous êtes garant des différens faits
avancés dans la Brochure ; il vous
regardera donc comme celui qui doit
répondre à tous les défis , & je penfe
réellement que vous ne fçauriez refter
muet en cette occafion ; je crois que
le parti le plus fage , l'unique même
que vous puiffiez prendre , c'eft de
vous montrer à découvert , & de faire
part à l'Académie ou au Public de ce
que vous avez dit tant de fois dans
vos Leçons fur les découvertes de M.
F. foit par rapport à la voix , foit par
rapport aux artères & veines lymphatiques. Vous ne pouvez recufer ces
Juges fans vous condamner vous-même ; fi vous ne prenez ce parti , vos

[33]

Difciples feront les premiers à attribuer vos Difcours à des motifs dont
je ferois faché qu'on vos foupçonnât.

Je crois, avant de finir, devoir une
juftice, non à votre Difciple, mais
à celui que tout le monde fçait
être le véritable Auteur de la Brochure; j'avoue qu'il connoit les princi-
pales parties du corps humain; il peut
même les démontrer. Les perfonnes in-
ftruites ont été étonnées des erreurs de
pure Anatomie que j'ai été obligé de
relever dans les *éclairciffemens*, que je
vous ai adreffez, *fur le mécanifme de la
voix*. Quant à moi, plus j'y penfe, &
plus je fuis porté à croire que ces fautes font en partie volontaires ; cela
feroit encore moins furprenant dans
une Piece *Anonyme*, où l'on ne cherche qu'à contredire, que dans une
Oftéologie comme celle que vous avez
mife fous preffe l'Hyver paffé, (a) &
où votre bût principal à dû être d'inf-
truire.

(a) Cet Ouvrage eft peu connu & n'a
point été achevé : il ne comprend qu'une defcription féche des os de la tête. M. Bertin l'a
fait imprimer en particulier & pour fon compte, à mefure qu'il le compofoit : Il en avoit

Tout ce qu'on trouve de particulier dans cet ouvrage, se réduit à deux nouveaux os, qu'il faut ajouter, selon vous, à ceux qu'on compte ordinairement à la tête, vous en *avez* (a) p. *fait*, dites-vous, (a) *l'Histoire dans les* 40. *Mémoires de l'Académie*, année 1744. *ils se joignent à la face intérieure &* (b) p. *inférieure du corps du sphénoïde*, (b) 42. dont ils sont, à vous entendre, aussi distincts que les autres os du squelette le sont entre eux. Voilà ce que vous annoncez pompeusement, comme une découverte dont le Public doit vous être redevable.

J'ai peine à croire, MONSIEUR, que vous parliez sérieusement ; pouvez-vous ignorer que vos deux prétendus os ne font que deux parties, ou deux *épiphyses* de l'os sphénoïde ? Je n'en dirois pas davantage, si je ne parlois qu'à vous, mais vous avez des Disciples, dont plusieurs (j'entens

vendu un petit nombre d'exemplaires à quelques uns de ses Disciples ; mais toutes réflexions faites, il a jugé à propos de les retirer. Un seul de ces exemplaires, c'est celui dont je me sers, a échapé à la justice de l'Auteur.

ceux qui commencent) ont befoin, ainfi que le Public , d'autres éclair-ciffemens.

Le premier état de ce qu'on ap- Digref-
pelle *os* eft un état de molleffe & de fion.
fléxibilité ; l'os fe durcit ou s'offifie véritablement dans la fuite , mais il ne s'offifie pas en même-tems dans toute fon étendue ; il s'y forme ordi-nairement plufieurs *officules* , s'il m'eft permis de les nommer ainfi , qui , quoique parties d'un même tout , fe trouvent féparés par des portions in-termédiaires ; qui ne s'offifient qu'au bout d'un certains tems , après lequel ces différentes parties ne font plus qu'un feul & même tout offeux , com-me elles n'avoient fait auparavant qu'un feul corps mol & fléxible : c'eft pour cela qu'on diftingue deux états , par rapport aux os , l'un eft *l'état par-fait* dans lequel toutes les parties def-tinées à fe joindre , fe trouvent réu-nies en un feul os : l'autre eft *l'état imparfait* , ou celui qui précéde cette réunion.

En général , les os arrivent affez tard à l'état parfait ; de-là vient qu'à

B vj

l'âge de 20 & 22 ans, la plûpart se
trouvent encore formés de plusieurs
ossicules, distingués les uns des autres
par des intervalles non ossifiés. Ces
piéces sont au nombre de trois dans
le *cubitus*, le *radius*, le *tibia*, le *péroné*,
au nombre de quatre dans le *fémur*,
au nombre de cinq & de six dans
d'autres os.

Quand on examine, dans les en-
fans, le progrès de la formation des
os du crane, on voit que l'os *frontal*
& l'os *temporal* sont faits de deux parties osseuses séparées à l'ordinaire par
un intervalle non ossifié : l'*occipital* est
formé de quatre. Le nombre de ces
pieces va encore plus loin dans l'os
sphénoïde, un des plus celebres Anatomistes, ennuyé de les compter, dit
par exagération qu'on y en trouve un
cent ; ces pieces, à l'exception de
celle du milieu, sont distribuées par
paires, elles se réunissent toutes en
un seul os dans l'état parfait, cet os
est le sphénoïde même ; c'est une paire
de ces *ossicules*, & précisément la moindre que vous avez trouvé bon d'ériger
en nouveaux os de la tête.

Il est certain, & vous ne pouvez

...dorer, qu'on ne compte, qu'on ...gade comme des os distincts, ...cun ...el restent séparés dans l'e... ...ou dans l'adulte : tels sont ...*tibia*, le *frontal*, les *par...* ...les pieces qui se continuent ...le, & se réduisent à un seul os ...l'adulte, sont uniquement re... ...dées, même avant leur union, com... ...*les parties de cet os*. Aussi ne s'est ...mais avisé de les désigner par ...uns particuliers. On s'est con... ...té d'appeller dans tous les os la partie du milieu, ou la partie princi...pale, *diaphyse*; les autres ont reçu le nom *d'epiphyses*; & pour distinguer ...es entre elles, on y ajoute le ...de l'os dont elles font partie; ...on dit l'*epiphyse* supérieure, l'e... ...inférieure du *tibia*, les *epiphyses* ...os du *métacarpe*, &c.

...les faits que je viens d'énoncer ...connus de tout le monde, vous ...erez ...n convenir; cependant ...ulez faire passer une paire de petites *epiphyses*, ou parties de l'os ...sphénoïde pour deux os distincts; vous les décrirez du nom de *concha spha...* *noïdales*, vous les mettrez superbement ...

à côté du *frontal*, des *pariétaux*, &c, en un mot, vous les préfentez comme deux os féparés dans l'état parfait ; le nom, le titre que vous leur donnez, & le filence que vous gardez fur leur réunion avec l'os fphénoïde, ne laiffent aucun doute là-deffus. Vous fçavez que tout ce qu'on dit des os s'entend toujours de l'état parfait, dès qu'on n'avertit pas expreffément du contraire : la raifon & l'ufage autorifent également cette régle.

C'eft à quoi fe réduit la découverte de vos deux prétendus os de la tête : la méthode que vous avez imaginée pour y arriver, eft vraiment neuve, fi vous continuez à travailler fur le même plan, quelle foule de nouveaux os n'allez-vous pas faire éclore ! *In* Virgil. *tenui labor, at tenuis non gloria !* Le nombre de ceux qu'on a comptés jufqu'ici dans le fquelette, n'eft rien en comparaifon de ceux que vous nous y ferez appercevoir. Les Anatomiftes n'ont jamais reconnu qu'un feul os à la cuiffe, vous leur en montrerez quatre ; il n'en ont vû que deux à l'avant-bras, vous y en ferez trouver fix ; une feule vertébre va vous fournir la matiére de cinq à fix Mé-

moires pour l'Académie, & ce sujet est
bien plus digne de votre attention.
Les épiphyses dont nous venons de
parler, tardent bien plus long-tems à
s'unir à leur tout, que celles de l'os
sphénoïde; d'ailleurs, la plûpart des
épiphyses qui vous restent à parcou-
rir, comme celles du *femur*, du *tibia*,
&c. sont pour ainsi dire des Monta-
gnes en comparaison de celles du sphénoïde, qui ne représentent que de
petites écailles.

Les réflexions que je viens de faire
ne regardent que votre ostéologie
imprimée. Je ne connois point le Mémoire que vous dites avoir donné sur
cela à l'Académie, je ne puis même
deviner sous quel point de vûe vous y
aurez présenté l'objet que vous trai-
tez; je ne crois pas que vous ayez
parlé de vos deux prétendus os comme dans votre ostéologie, où vous ne
restraignez votre proposition à aucun
âge. Il n'y a point d'Anatomiste à
l'Académie, qui ignore que les pieces
dont il s'agit, ne font dans l'adulte
qu'un tout continu avec l'os sphénoïde. Auriez-vous donc pris le parti de
les représenter comme des épiphyses,

comme des parties de l'os sphénoïde ?
Vous vous respectez, sans doute, &
vous sçavez trop ce que vous devez
à l'Académie pour oser faire montre
devant cette illustre Assemblée de pareilles miséres. Le moins habile n'a
qu'à jetter les yeux sur le squelette
d'un jeune sujet, pour trouver matiére à des découvertes de cette espèce.

Je suis encore plus éloigné de pen-
ser, que voulant les faire passer pour
deux os distincts, vous ayez été assez
bon pour avouer qu'ils s'unissent au
sphénoïde dans l'état parfait ; ç'auroit
été détruire votre prétention, & chercher à briller par un jeu de mots,
puisque deux os destinés à s'unir à un
troisiéme dans l'état parfait, ne sont
que des parties d'un même tout.

Au reste, quoiqu'on ait connu de
tout tems vos prétendu os, comme
parties du sphénoïde, j'ignore si on les
a connus comme parties séparées en
quelque maniere dans *l'état imparfait*,
c'est-à-dire, comme *épiphyses* : on ne
tient pas un Regiſtre exact de pareilles minuties dans les fastes de l'Anatomie, & il n'y a, je pense, aucun
Sçavant assez désœuvré pour meubler

la mémoire du nom des inventeurs, & d'une Liste exacte des *épiphyses* ; je fçai feulement que dans les Ouvrages d'Anatomie les plus complets, on fe contente d'effleurer ces fortes de matiéres , fans entrer dans un détail également ennuyeux & inutile.

Pardonnéz-moi cette digreffion , Monfieur , mon but n'a été que de prouver qu'on fait quelque fois des fautes volontaires ; je reviens à notre Critique , en avouant que fes fautes d'Anatomie pourroient bien être en partie de ce nombre ; je n'en dis pas autant de celles qu'il a commifes en expliquant les ufages des parties ; on reconnoît aifément , fur-tout quand il propofe quelque difficulté , qu'il fe trompe ordinairement lui-même , avant de tromper les autres. C'eft qu'en effet il y a une différence infinie entre un *Profecteur* , un *fimple Démonftrateur* , & un *Anatomiste*.

Le Profecteur , eft celui qui *connoît* , comme on dit , *les parties* , qui fçait manier le fcalpel , qui à la patience de dégraiffer proprement un mufcle , & qui peut , en difféquant , remarquer une Anaftomofe , une épiphyfe dont

on aura peut-être négligé de parler.
On devient Profecteur en s'exerçant,
comme on devient forgeron en for-
geant : il faut des yeux & des mains
pour parvenir à l'un & à l'autre.

Le fimple Démonftrateur, eft celui qui fçait dans un certain détail,
l'Hiftoire & la pofition des os, des
mufcles, des vaiffeaux, des vifcé-
res, &c. qui peut même faire là-deffus
des remarques, des obfervations,
quelquefois nouvelles. S'il joint à
cela un peu d'érudition Anatomique,
quelque teinture des hypothèfes, &
un certain babil; il paffera pour Anatomifte aux yeux de ceux qui ne le
font pas. Un petit nombre de Livres,
un travail médiocre, fous les yeux
d'un bon Maître, fuffifent pour arriver bien-tôt à ce point.

L'Anatomifte enfin, eft l'homme
de génie, pour qui l'Anatomie eft une
Science, & non pas un Métier : guidé
par un fens droit & étendu, il fe
porte & s'attache au vrai, comme
par une efpêce d'inftinct, accoutumé
à épier la nature, le moindre rayon
vient-til a l'eclairer, le corps de l'homme devient prefque *diaphane* pour lui

il en pénétre la structure, il en deve-
loppe les parties, il les *compare* avec
celles des animaux; il en fixe, il en dé-
termine les usages; souvent même il
voit le tout dans ses propres idées, &
l'ouverture des cadavres ne lui sert plus
que pour vérifier, & démontrer aux
autres.

Ce qui le distingue particuliérement,
c'est l'alliance heureuse qu'il sçait faire de l'esprit d'observation & de découverte, avec une grande connoissance des Loix, de l'œconomie ani-
male. Riche de son propre fond, il
porte dans le corps humain le flam-
beau de la Mécanique & de la Physique, sans lesquelles l'Anatomie n'est
pour la Medecine qu'un fond ingrat
& stérile. C'est pour lui que sont ré-
servées ces recherches fines & déli-
cates, qui répandent un si grand jour
dans la Théorie & la Pratique de
cette Science. En un mot, Physicien,
Géometre, *Hydraulicien*, Méchani-
cien, il applique toutes ses connoissances au corps humain : & ramène,
pour ainsi dire, les lumières à leur première & véritable source.

Voilà l'idée qu'on doit avoir de ces

trois fortes de perfonnes , que le Vul-
gaire ne confond que trop fouvent
enfemble. Ce ne fera ni trop abaiffer
les uns , ni trop relever l'autre , que
de les comparer pour le rang qu'ils
doivent tenir entre eux ; le premier ,
à un Manœuvre; le fecond , à un Maçon , & le dernier à un Architecte.
Quel malheur pour l'Anatomie , que
le Manœuvre & le Maçon veuillent
fi fouvent trancher de l'Architecte !
De-là , cette multitude immenfe d'ouvrages méprifables , fources de tant
d'erreurs , de préjugés qui obfcurcif-
fent ces vérités fimples & lumineufes
que les vrais Anatomiftes nous ont
laiffées.

Je fuis , MONSIEUR , avec les
fentimens que vous devez me connoître .

Vôtre très-humble ferviteur ,
MONTAGNAT, Medecin.

A Paris ce . . . . . . 1745.

SUPLEMENT

A LA LETTRE PRECEDENTE.

Sur les Lymphatiques de M. Ferrein.

Depuis que cette Lettre est imprimée, j'ai eu la curiosité de voir
dans le *Journal des Sçavans*, du mois
de Février 1741. l'extrait d'un prétendu
Livre Anglois, où l'on trouve les portraits de BAYLE, de GADDESDEN &c.
noms sous lesquels l'Auteur du Libelle,
dont il est parlé (pag. 8) de l'avant-
propos, nous apprend qu'on a voulu
peindre deux des plus celebres Medecins de France, qui n'ont certainement
aucun rapport avec ces portraits. En
parcourant ce Journal, je tombai sur
l'extrait d'un écrit de M. Barrere sur
la couleur des Negres. M. Senac Auteur de ces deux extraits, a enrichi le
dernier de deux digressions : l'une sur
les Inventeurs des Artères Lymphatiques, & l'autre sur ceux des anciennes
Veines Lymphatiques de quelques vis-

Edit in
4°. p.
107.
Edit in
12 p.
319.

p. 51.
& 52

Edit.
in 4°.
P. 9
Edit in
1. p.
289.

C

çères. Quoiqu'il ait évité d'y nommer
M. Ferrein, le but secret de ces di-
greffions, n'eſt cependant que de faire
paſſer ſous d'autres noms les découvertes que ce Medecin a faites ſur ces differens genres de vaiſſeaux, & dont il
eſt parlé dans les volumes de l'Académie, années 1733. 1738 & 1741.

Comme dans la Lettre précédente, j'ai
cité en faveur de M.F. l'autorité de M. Se
nac & que ceux qui ne connoîtroient ce
dernier que dans le Journal, pourroient s'imaginer, ou que mes citations
font peu fideles, ou qu'il n'a changé
de ſentiment que parce qu'il a reconnu
qu'il étoit dans l'erreur, je crois qu'il
eſt de mon intérêt & de celui de ma
cauſe, d'apprendre au Public que c'eſt
à tort que M. Senac a paſſé dans le
camp ennemi.

Je commence par examiner ce qui fait
la matiere de ſa premiere digreſſion.
Comme il y produit en partie les mêmes
autorités que l'Auteur de la Lettre Anonyme, que nous venons de réfuter, je
ferai quelquefois obligé d'uſer de ré-
dites, mais ce ne ſera jamais ſans donner
de plus grands éclairciſſemens.

J'ai eu ſoin de définir p. 4 &c, de ma Lettre ce qu'on doit entendre fous le nom d'Artères Lymphatiques, & fait remarquer que M. F. ne prétendoit nullement avoir imaginé ces vaisseaux ; il assure au contraire que plusieurs modernes à l'exemple de M. Boerhaave, les avoient admis comme des *êtres possibles*, à la découverte desquels l'Anatomie ne pouvoit raisonnablement aspirer. Ce n'est donc pas *l'idée*, mais la découverte de ces vaisseaux que je revendique pour M. F. il ne les a pas imaginés, mais il les a vûs, il les a démontrés, il a fait connoître au Public ce qu'il y a de vrai ou de faux dans l'idée qu'on s'en étoit faite, c'est donc à lui seul qu'appartient la gloire de la découverte.

Il y a environ 254 ans, qu'on connoissoit seulement ce qu'on appelle *l'ancien monde*, on en avoit cependant imaginé un *nouveau* : Cristophle Colomb l'a vû, l'a fait connoître ; peut-on demander à qui en appartient la découverte ? Cela ne sauroit faire une question ; les droits de Christophle Colomb ne sont point équivoques, (*a*) il en

(*a*) Ce n'est pas que j'ignore que certains

est de même de ceux de M. Ferrein au
sujet des Artères Lymphatiques; *inven-*
ter ou découvrir en Anatomie , de même
qu'en Géographie , n'est pas créer ou
imaginer , mais voir & faire voir l'objet
ou il est , & comme il est. C'est une maxi-
me incontestable , & reçue de tout
tems ; il n'y a que les Adversaires de
M. F. qui s'efforcent de la renverser.

J'avois paru surpris dans ma Lettre
précédente (pag. 28) que l'Auteur Anonyme qui s'attache a tout, pour enlever
à M. F. l'honneur de sa découverte,
n'eût pas profité, pour l'attribuer à M.
Vieussens, de l'erreur où l'on est, que
les nevro-lymphatiques de ce Medecin, sont la même chose que les arteres lymphatiques dont on a tant parlé
depuis M. Boerhaave ; j'ignorois que
M. Senac se fût chargé de ce soin ;

Edit in voyons, sans nous prévaloir de son
4°. p. erreur, comment il s'en étoit acquitté,
101.
Edit.in „ Le tissu du corps muqueux est, dit-
12. p. „ il, un composé de vaisseaux, dans les-
301.

critiques ont essayé d'ôter à ce celebre Gé-
nois la gloire de la premiere découverte du
nouveau monde; mais je sçais aussi que leur
prétention a été généralement rejettée par
ous les sçavans, & cela me suffit.

» quels le fang ne peut pas s'infinuer.
» Ces vaiffeaux doivent être comptés
» parmi ceux que *Vieuffens* a décou-
» verts le premier, & dont il a donné
» une idée fi exacte dans fon nouveau
» fyftême des vaiffeaux pag. 109. *En*
» *examinant un inteftin enflammé, il vit*
» *une grande dilatation dans les vaiffeaux*
» *fanguins, le fang, dit-il, avoit forcé*
» *les vaiffeaux lymphatiques, & s'étoit ar-*
» *rêté dans leur cavité deftinée à rece-*
» *voir des fucs blanchâtres. Ce qui me*
» *donna une véritable idée de l'inflama-*
» *tion.* »

Avant de difcuter cet article, je
prendrai la liberté de faire quelques
queftions à M. Senac.

1°. Pourquoi n'ofe-t-il caractériser
ce genre de lymphatiques, qu'il avoit
nommé dans fes *effais de Phyfique* fur
l'Anatomie d'Heifter, imprimés en
1735. tantôt nevro-lymphatiques, tantôt artères lymphatiques ? D'où vient
cette obfcurité affectée ?

2°. Où a-t-il appris que *le tiffu du*
corps muqueux eft un compofé de vaif-
feaux lymphatiques, & que ces lympha-
tiques doivent être comptés parmi ceux
que Vieuffens a découverts le premier ?

veut-il nous donner ici ses imagina-
tions pour des faits puisés dans la nature même , & completter le roman
qu'il a fait & dans cet extrait & dans
ses *essais de Physique* au sujet du corps
réticulaire ?

3°. Par quel secret trouve-t-il non-
seulement une *idée exacte* , mais encore
la découverte des lymphatiques dans ces
paroles de Vieussens, *le sang avoit forcé*
les vaisseaux lymphatiques. La proposition de Vieussens suppose bien l'existence de ces vaisseaux , mais elle n'en
renferme ni la description , ni la dé-
monstration.

Mais à quoi bon ce passage & vingt
autres , que le Journaliste auroit pû
citer ? Personne n'ignore que Vieussens
croyoit voir partout ses nevro-lymphatiques & une infinité d'autres objets encore plus merveilleux ; mais c'est un
point décidé parmi les Anatomistes
modernes , que cet Auteur n'a jamais
rien observé de tout ce qu'il dit là des-
sus. Il n'est donc pas question de citer
Vieussens , mais de démontrer la réalité
de ses observations , en donnant au
Public les moyens de les vérifier. Voilà
au moins ce que M. Senac devoit fai-

te , pour être en droit de se prévaloir de l'autorité de cet Anatomiste. S'il veut bien encore s'en charger, on lui donne à fouiller un cada-
vre depuis la tête jusqu'aux pieds.

Ce que je trouve de plus singulier , c'est que M. Senac qui se rend
aujourd'hui l'Apologiste des nevro-
lymphatiques de Vieussens, nous avoit
prévenus dans ses essais de Physique ,
que rien n'étoit plus chimerique, *Vieussens* , disoit il, *a cru avoir trouvé des*
tuyaux , qu'il a nommés nevro lymphati- pag.
ques, mais sa découverte n'est pas confir- 665.
mée, & ce qu'il y a de plus fâcheux, c'est
qu'elle ne sauroit l'être , tant qu'on n'aura
pas d'autres secours que ceux qu'avoit ce
Medecin.

Cela est clair, *Vieussens* , suivant M.
Senac *a cru voir* ; mais non seulement
ce qu'il a cru voir, *n'est pas confirmé* ,
il est encore impossible qu'il ait vû,
parce qu'on ne sauroit y parvenir, *tant*
qu'on n'aura pas d'autres secours que
ceux qu'avoit ce Medecin.

Tel est le langage que tenoit M.
Senac avant d'être instruit de la décou
verte de M. Ferrein ; quelle matiere à réfléxions ! Laissons au Lec-

C iiij

teur le foin de les faires lui - même

Le Journaliste , pourfuit en ces termes : " que Vieuffens , ait vû réel-
" lement ces vaiffeaux , ou que fé-
" duit par l'imagination , il ait crû
" voir ce qu'il ne voyoit pas , com-
" me quelques Phyficiens *dédaigneux*
" prétendent l'infinuer ; c'eft ce que
" nous n'examinerons point , mais la
" découverte ou l'idée de Vieuffens eft
" confirmée par les injections de Ruy-
" fch : Boerhaave l'a faifie comme un
" principe fécond fur lequel il éleve la
" doctrine de l'inflamation. "

M. Senac fe joue-t-il du Public, de
fes Lecteurs , ou de lui même ? Il a
entamé fa Digreffion par nous dire que
Vieuffens avoit vû , qu'il *avoit découvert le premier & décrit exactement* les
lymphatiques dont nous parlons , &
dans l'inftant il fe dédit, il n'ofe plus
décider fi *Vieuffens a vû réellement* , ou
s'il a feulement *cru voir ce qu'il ne voyoit
pas* ; cependant il traite à tout hazard
de *dédaigneux* les *Phyficiens* qui *prétendent* , comme il avoit fait lui-même ,
que Vieuffens n'a pas vû, mais feulement
crû voir. Il avoit encore affuré dans fes
effais que la *découverte* de Vieuffens,

n'étoit pas confirmée, il dit au contraire aujourd'hui qu'elle *est confirmée* & cela *par les injections de Ruyfch.* En vérité M. Senac a découvert dans ces injections une propriété bien finguliere! c'est dommage que Ruyfch n'y ait jamais penfé & que tout le monde ait cru jufqu'ici que les injections ne peuvent qu'empêcher de diftinguer les lymphatiques, des vaiffeaux fanguins.

Mais que répondre au Journalifte, lorfqu'il dit que *Boerhaave a faifi la découverte ou l'idée de Vieuffens,* (ce font ces termes) *comme un prencipe fécond fur lequel il éleve la doctrine de l'inflamation.*

Il paroît d'abord que M. Senac penfe que *l'idée* & *la découverte* d'une chofe font mots fynonymes : quoiqu'il en foit, Boerhaave n'a nullement prétendu *faifir* une *découverte* ; cet illuftre Profeffeur & tous fes Difciples foutiennent au contraire que *les lymphatiques arteriels font invifibles,* & qu'on ne fauroit ni les découvrir, ni les démontrer anatomiquement. M. Senac n'a pas pû dire non-plus, fans fe mettre en contradiction avec lui-même, que Boerhaave a *fondé* là-deffus la doctrine de l'inflamation. Vieuffens fuivant M. Senac l'avoit déja *fondée*, il en avoit *donné une véritable idée* & Boerhaave ne pouvoit plus être que fon Copifte.

Je ferai feulement obferver, que fuivant les principes que M. Senac fuit ici, la *vraie idée de l'inflammation*, fuppofe la connoiffance des lymphatiques; au lieu que fuivant *les effais de Phyfique* du même Auteur, la connoiffance des lymphatiques fuppofe celle de l'inflamamtion. En effet, il y dit que l'exiftence de ces vaiffeaux, qu'il nommoit alors *artères lymphatiques*, eft fuffifament prouvée par l'inflammation des parties blanches & furtout de la conjonctive ou blanc de l'œil. C'eft là, à proprement parler, la feule raifon qu'on eût avant M. F. pour ne pas regarder l'idée de ces vaiffeaux comme tout à fait chimerique. Le principe fur lequel on fe fondoit, eft que le nombre des vaiffeaux qu'on voit pleins de fang dans l'inflammation de la conjonctive, eft beaucoup plus grand que celui des artères & des veines qu'on y obferve dans l'état naturel; d'où l'on inféroit que la plupart des vaiffeaux qui paroiffent dans l'inflammation, doivent être, non des vaifseaux sanguins, mais des lymphatiques artèriels forcés & dilatés par le sang.

On voit par-là que l'idée des Artères Lymphatiques ne pouvoit être comptée, avant la découverte de M. F. que parmi les hipothèses les plus dénuées de preuves, car qui croira que les Capillaires sanguins qui sont naturellement dans la conjonctive, ne sont pas encore plus nombreux que les vaisseaux qui se montrent à tout le monde dans l'inflammation ? Il faudroit ignorer ce qu'on découvre par le moyen des verres dans presque toutes les parties du corps, & ce que M. F. a fait observer par rapport à la multitude prodigieuse de vaisseaux sanguins qui se montrent naturellement dans la conjonctive. On sçait qu'un peu de fumée, une odeur acre, &c. sont capables d'y allumer, en un moment, une inflammation qui disparoît avec la même promptitude ; est il concevable que les artéres lymphatiques s'engorgent & se dégagent ainsi en un clin d'œil ? Il faudroit donc recourir au même principe, pour rendre raison de ces rougeurs subites, excitées par la pudeur, la colere , ou quelqu'autre passion !

C vj

Si M. Senac, s'obstine encore à soutenir que l'inflammation démontre les
lymphatiques dans la conjonctive ou
ailleurs, je le prierai de me dire sincè-
rement s'il a le secret de les distinguer
des vaisseaux sanguins, & supposé qu'il
ne l'ait pas, comment est ce qu'il ose
assurer que tous ces tuyaux ne sont par
des vaisseaux sanguins dilatés: ne suis-
je pas dans le cas de pouvoir lui dire
avec M. Ruysch. *miror licentiam hanc quâ*

Advers.
Anat.
decas 2.
p. 4. *quis audet asseverare se scire vasa exis-*
tere, qua nec ipse vidit, nec alius um-
quam. Undenam, illa nosti? Quis eorum
decursus? ubi hærent? qua diversitas in
sexio, ætate virili, pueritia? omnia hæc
bene nosse, atque oculis spectanda dare plu-
ris facio, quam omnia conjecturandi at-
que effingendi effecta: nihil licet anato-
tomico adsumere quod non videt. Voilà
ce que disoit M. Ruysch, en se féli-
citant d'avoir écouvert les Vaisseaux
sanguins de la *rotule*, s'il eût été assez
heureux pour découvrir dans le corps
humain quelqu'un de ces genres singuliers d'artères qu'on avoit imagi-
nes de son tems, qu'auroit-il répondu
à ceux qui auroient eu l'imprudence
de lui présenter l'idée qu'on en avoit,

comme une découverte 'déja faite ?
Enfin, où eſt-ce que M. Senac a trouvé que la ſuppoſition d'un engorge-
ment dans des vaiſſeaux eux - mêmes
ſuppoſés , donnoit une idée plus éxacte
& plus *vraie de l'inflammation* & four-
niſſoit un *principe* plus *fecond* que l'en-
gorgement des capillaires ſanguins qui
s'offre ſi nettement à la vûe ? M. Senac
fait apparemment conſiſter la *fecondité*
d'un principe dans la liberté qu'il donne de laiſſer errer l'imagination ſans
remonter à une vérité connue qui ſoit
capable de la fixer.

  Mais il n'eſſaye pas ſeulement de per-
ſuader qu'on avoit découvert les arteres lymphatiques ; plein de l'eſprit de
feu M. Hunauld ſon ami, il veut encore faire accroire que Ruyſch avoit
découvert *individuellement* celles que
M. F. a démontrées à l'Académie ſur
l'œil humain. On a vû que M, Hunauld
fondoit ſon allégation ſur un endroit
de la treiziéme lettre problématique
de Ruyſch qui dit que les *arteres* des
différentes tuniques des yeux ne charrient pas un *ſang rouge* M.H. aſſuroit que
ces paroles caractériſoient les artères
lymphatiques , & que celles de l'uvée

qui font l'objet, ou l'un des principaux objets de la differtation de M.
F. étoient juftement celles dont parloit Ruyfch : cette difcuffion remplif-
foit une féance entiere dans les cours
de M. Hunauld.

M. Senac a eu foin de refaffer ce
qu'il avoit oui dire à fon ami ; mais
comme il préfente fon objet fous des
couleurs un peu différentes , je me crois
obligé, après avoir rapporté fes paroles, d'étendre les éclairciffemens que
j'ai donnés à l'occafion de M. Hunauld.
On me pardonnera les répétitions.

» Ruyfch, dit M. Senac, a démon-
»» tré des vaiffeaux lymphatiques dans
»» *l'œil*, il les a fait deffiner tels qu'ils
»» fe montrent aux yeux feuls & à travers
»» la loupe. *Ces vaiffeaux renferment une*
»» *liqueur blanche, non rubrum fangui-*
»» *nem*, dit-il : voilà donc des vaiffeaux
»» lymphatiques démontrés par Ruyfch
»» & deffinés exactement dans fes Ou-
»» vrages. On ne peut rien ajouter à la
»» defcription de ces vaiffeaux, ni à
»» l'ufage que leur attribue cet Auteur. »»

M. Senac me permettra de lui dire,
qu'il n'y a rien de tout ce qu'il vient
de mettre en avant qui ne foit faux &

fuppofé, je n'en excepte pas même le difcours moitié François moitié Latin qu'il met dans la bouche de Ruyfch.

Pour d ffiper les tenebres dont il veut s'envelopper. Il eft bon d'apprendre ici au Lecteur que Ruyfch dans fa treiziéme lettre problématique publiée en 1700 parle beaucoup des artères des tuniques de l'œil, & furtout de celles de la *choroïde*, de la *Ruyfchienne* & de la *rétine*. Il a accompagné cette lettre de figures qui repréfentent les vaiſ-feaux de ces membranes, fans oublier ceux de *l'uvée*. Depuis l'impreffion de cette Lettre, Ruyfch femble avoir pris plaifir à parler de ces mêmes artères dans les Ouvrages qu'il a donnés fuc-ceffivement, comme on peut le voir dans plufieurs endroits du fecond *tré-for Anatomique* publié en 1702, du cinquiéme tréfor imprimé en 1705, & du dixiéme publié en 1715. il eft inutile de faire obferver ici qu'il affure conftamment & fans jamais fe dementir, que ces vaiffeaux, ne font autre chofe que des artères pleines de fang, des vaiffeaux fanguins; c'eft un fait connu de tout le monde; on peut même dire qu'il le répette fi fouvent, foit dans la treiziéme Lettre problematique , foit dans fes *trefors* , que cela devient à la fin prefqu'ennuyeux . ce font cependant ces vaiffeaux que M.Senac & l'Auteur de la Lettre anonyme fe font avifés, à l'exemple de M. Hunauld, de transformer en *lymphatiques* , *démontrés*, difent ils, *par Ruyfch.* La preuve qu'ils donnent d'un paradoxe auffi étrange eft des plus finguliéres ; elle eft fondée fur un paffage de Ruyfch que nous avons déja rapporté dans la lettre précedente. Comme M. Senac le préfente fous un tour nouveau , nous ne pouvons nous empêcher de revenir là-deffus ; mais auparavant , il eft à propos de répeter ici que long tems avant que perfonne eut penfé aux lymphatiques artériels , on croyoit que le fang perdoit fa couleur rouge vers les extrémités des artères & qu'il la reprenoit dans les racines des veines ; cette idée qui fubfifte encore aujourd'huy, doit fans doute fon principal crédit aux illufions du microfcope ; mais enfin Ruyfch l'avoit adoptée : le fang , dit il dans un endroit , fe dépouille de fa couleur rouge avant d'arriver aux extrémités des artères, *fanguis rubedinem*

exuit antequam viam ad ultimum ex-
tremum absolverit ; ce que Ruyſch pen-
ſoit ſur les artères en général , il l'applique en deux mots aux artère de
la Choroïde , de la Ruyſchienne & de
la retine , voici à qu'elle occaſion : Il
avoit avancé dans ſa 13e.I. ettre problê-
matique , que les artères de ces membranes ne ſont en ſi grand nombre que
pour échauffer , par la quantité du ſang
artériel quelles contiennent , les trois
humeurs de l'œil trop froides par elles-
mêmes ; *ut à ſanguinis arterioſi majori*
copiâ , requiſitus calor , tribus humori-
bus , naturâ frigidis , conciliaretur. Il
revient encore là-deſſus dans une remarque qu'on trouve à la fin de la même Lettre , & c'eſt là qu'il dit , non pas
comme l'inſinue M. Senac ; que *ces*
vaiſſeaux renferment une liqueur blanche
& non du ſang qui eſt une liqueur rouge,
mais qu'ils renferment *du ſang qui n'eſt*
pas rouge : tunica choroïdea, Ruyſchiana,
retiformis , dit - il , *ſuperbiunt myriad-*
ibus arteriolarum quæ tamen in homine
ſano , ſanguine rubicundo non ſunt re-
pletæ. (a) C'eſt uniquement ſur ces paro-

(a) Ou comme nous l'avons déja cité
ſanguinem rubicundum non gerunt.

les qui artirèrent à leur Auteur les rail-
leries d'Hovius, que M. Senac fonde
la prétendue découverte de Ruyfch,
& comme fi ces mots, dont il a eu
foin de corrompre le fens, avoient la
vertu d'anéantir tout ce que Ruyfch a
avancé dans cette Lettre & répeté tant
de fois depuis ce tems là, il métamor-
phofe des idées hazardées, & j'ofe dire
fauffes, en découvertes; des préjugés
en démonftrations, du fang proprement dit en lymphe, enfin les vaiffeaux
fanguins en vaiffeaux lymphatiques.

Tout ce que notre journalifte ajoute
n'eft que pour foutenir fa premiere
fiction. Nous avons rapporté l'ufage
que Ruyfch attribue aux arteres des
membranes de l'œil, c'eft *d'échauffer*
par le fang qu'elles charrient, les trois hu-
meurs de l'œil; c'en eft affez pour faire
dire à M. Senac, qu'*on ne peut rien ajou-*
ter à l'ufage que Ruyfch attribue aux nouveaux *lymphatiques.* Quel autre que lui
eût jamais penfé que l'ufage des lymphatiques eft *d'échauffer par la grande*
quantité du fang qu'ils contiennent, & e-
au-refte, comment M. Senac a-t-il oublié
de mettre à côté de Ruyfch, cette foule
d'Auteurs qui font blanchir le fang dans

les extrémités capillaires de toutes les
artères? Leur titre n'est-il pas le même dans ses principes, pour prétendre
à la découverte des lymphatiques? Il
seroit inutile de dire à présent que tous
les Anatomistes conviennent que dans
les figures & les descriptions dont veut
parler M. Senac, il s'agit uniquement
de vaisseaux sanguins, & qu'aucun d'eux
ne s'est imaginé qu'il y fût question de
vaisseaux lymphatiques; le fait parle de
lui même; d'ailleurs on n'énonce point
des découvertes de cette nature en termes si courts, si obscurs : *les découver-*
tes Physiques sont des richesses qui ne sont
pas long-tems cachées, l'amour propre
s'empresse ordinairement à les répandre.
C'est ce que dit M. Senac au commencement de l'extrait dont il est ici
question. Mais opposons-le encore à
lui-même, car il n'a pas de plus grand
adversaire.

Dans ses *essais de Physique*, il a em-
prunté de Ruysch les figures qui représentent les artères de la choroïde, de
l'uvée &c. Mais comment parloit il alors
de ces vaisseaux? trouvoit il en 1735,
comme il a fait en 1742, qu'ils ne contiennent pas du sang, que ce sont des

vaiſſeaux lymphatiques démontrés par *Ruyſch &*. Il n'avoit garde de le penſer, la découverte de M. F. ne lui en avoit pas encore inſpiré l'idée. C'eſt pour cela que dans le texte & dans l'explication des figures, il donne ces vaiſſeaux pour de ſimples *arteres*, terme qui comme il le remarque lui-même, n'a jamais été équivoque lorſqu'on n'y ajoute aucune épithéte qui l'éloigne de ſa vraye ſignification.

M. Senac, dans ces mêmes *eſſais* adopte le ſyſtême commun ſur le changement de couleur du ſang dans les capillaires. » La petite quantité de globules rou- » ges fait, dit-il, que les *extrémites* » *capillaires des arteres ne ſont pas colo-* » *rées*, car comme ces globules ne peu- » vent paſſer que l'un aprés l'autre, il » s'enſuit que pour un globule de ſang, » il y aura une grande quantité d'eau » & de lymphe, & par là, *la couleur* » *rouge doit ſe trouver abſorbée*. De plus » ce petits globules ſe trouvent com- » primés, leur figure doit changer, ainſi » *la couleur doit ſouffrir quelque chan-* » *gement ;* auſſi a-t-on remarqué que » les *globules*, en paſſant par les ex- » trémités artérielles, s'applatiſſent &

Pag.
136.

» prennent une couleur jaunatre &c.

M. Senac explique encore le changement de couleur dans un autre en-
droit » les globules rouges , dit-il , pag.
» compofés de plufieurs globules , fe 402.
» féparent les uns des autres , puifqu'il
» faut qu'ils paffent les uns après les
» autres dans les vaiffeaux capillaires :
» *or* quand on fepare les globules qui
» compofent les molécules rouges , la
» couleur rouge difparoît &c.

Voilà M. Senac dans la même idée
que Ruyfch fur le changement de couleur du fang dans les capillaires , il eft
même bien plus formel & plus détaillé
fur cela que ce grand Anatomifte ; mais, a
t-il donné pour lymphatiques les petites
artères qui ne font pas colorées & *ou la*
couleur rouge du fang fe trouve abforbée
ou *difparoit* ? Il n'oferoit le foutenir ,
le volume entier de fes *effais* , & l'endroit dont nous parlons , font foi du
contraire ; il ne les a jamais régardées
que fur le pied de vaiffeaux fanguins ;
il admet cependant le fyftême des nouveaux lymphatiques , il en parle en
cent endroits différens, mais il les diftingue toujours des artères *capillaires* dans
lefquelles *la couleur rouge du fang dif-*

paroît. Il avoit donc condamné d'avance ce qu'il a dit ensuite dans le Journal, la contradiction est manifeste ; je laisse au Lecteur à faire là-dessus les réfléxions qui lui conviendront. (a) enfin les ouvrages de Ruysch & de vieussens dans lesquels M. Senac prétend avoir trouvé les découvertes qu'il attribue à l'un & à l'autre, sont la *treizième Lettre problématique* de Ruysch imprimée en 1700, & le *nouveau système*

(a) Je ferai cependant observer que M. Senac qui vient d'assurer que *les extremtiés capillaires, ne font pas colorées,* parce que *les globules rouges ne peuvent y passer, sans changer de figure, sans s'applatir, sans se séparer,* ou si l'on veut sans se décomposer, dit à la page suivante qui est la 537, que *la rougeur du sang depend de la cohésion des globules du chile, & que ces globules par la pression qu'ils ont soufferte, ont été unis dans les extremités capillaires;* d'où j'infere, en comparant M. Senac avec lui même, que le sang se compose & se décompose dans les extremités capillaires; que leur diametre n'est pas suffisant pour contenir un petit globule rouge & compacte, & qu'en même tems il est suffisant pour contenir un gros globule mol, & le rendre rouge & compacte ; que les extremités capillaires font & ne font pas colorées ; en un mot qu'elles font blanches & rouges tout à lafois.

des vaiſſeaux publié en 1705 , mais
ſuivant M. Senac , *Vieuſſens a découvert
le premier* les lymphatiques en queſtion,
Ruyſch ne pouvoit donc pas les avoir
découverts ou *fait deſſiner* dans ſa treizié-
meLettre problématique, puiſque la dat-
te de cette Lettre eſt antérieure de cinq
ans à celle du nouveau ſyſtême des
vaiſſeaux.

Je reviens préſentement à ces vaiſſeaux des yeux qui ſont pleins , ſelon
Ruyſch , *d'un ſang qui n'eſt pas rouge,*
nous avons vû que cet Anatomiſte n'a-
voit nullement crû & moins encore découvert que c'étoient des lymphatiques ; je dis plus à préſent , je ſoutiens
qu'il lui étoit impoſſible de faire une
pareille découverte ; la raiſon en eſt
ſimple ; c'eſt que les vaiſſeaux dont il
parle dans l'endroit cité, ſçavoir ceux
de la choroïde , de la Ruyſchienne, &
de la rétine , ſont réellement ſanguins
& non lymphatiques. Il eſt même certain que le ſang dont ils ſont naturellement pleins eſt rouge & vermeil ; ainſi
M. Senac ſe trompe avec M. Ruyſch ,
lorſqu'il juge que la liqueur qui les rem-
plit n'eſt pas rouge , mais il eſt ſeul dans
ſon erreur, lorſqu'il ſuppoſe que cette

liqueur eſt une lymphe & non pas du
ſang, que ces vaiſſeaux ſont lymphatiques & non pas ſanguins.

M. Ferrein n'a eu garde de donner
dans ces mépriſes, il n'a jamais dit que
les vaiſſeaux qu'on voit dans la choroïde
la Ruyſchienne & la rétine, ſont lymphatiques, ni même qu'ils ſont pleins
d'un ſang qui n'eſt pas rouge, il corri-
ge au contraire l'erreur de Ruſych ſur
cet article.

C'eſt donc dans d'autres parties que
M. F. a vû ſes lymphatiques, & pour ne
parler ici que de l'œil, c'eſt ſur cette
membrane qu'on nomme *uvée*, & *iris*
qu'il a démontré les nouvelles artères &
veines lymphatiques donttout le monde
& M. Senac, lui-même regardoient la découverte comme fort au de là des bornes de l'Anatomie. Il eſttems de venir à
la digreſſion que fait notre Journaliſte
au ſujèt des anciennes veines lymphatiques.

On peut voir au commencement de
cette lettre, & dans le mémoire de M.
F. combien les nouveaux lymphatiques,
dont nous venons de parler, ſont différens des anciennes veines lymphatiques, ou lymphatiques Bartholiniens.

Perſonne

Perſonne n'ignore que ces derniers ſont connus depuis près d'un ſiécle. On les a démontrés dans la plupart des parties du corps, & nous ne pouvons plus aſpirer aujourd'huy qu'à la gloire de les découvrir dans quelques-unes où ils ont échappé aux yeux des Anatomiſtes.

M. Ferrein lût, en 1733, à l'Académie des Sciences, une diſſertation ſur la ſtructure du foye & ſur de nouveaux vaiſſeaux biliaires. La liaiſon des matiéres l'engagea à parler auſſi non ſeulement des lymphatiques de ce viſcere, mais encore de ceux du poumon & du rein, c'eſt là le véritable objet de la nouvelle digreſſion de M. Senac, qui prétend que le Public doit à M. la Peyronie la connoiſſance des lymphatiques de ces trois viſcères.

Le Journaliſte commnece par dire que *les lymphatiques* qui ont fait la matiére de ſa premiere digreſſion, *ſont bien differens de ces vaiſſeaux lymphatiques qui ſont repandus ſur la ſurface des parties, & qui forment des rezeaux.*

Je ſerois curieux de ſçavoir par quelle raiſon il évite de diſtinguer nettement les arteres lymphatiques d'avec les anciennes veines lymphatiques & pourquoi il n'oſe ſe ſervir à l'égard des unes ni

D

des autres, des noms ufités, qu'il avoit
employés lui-même dans fes *effais*; il
fe contente de défigner les anciens lymphatiques par des traits vagues qui ne
fçauroient les caractérifer ; car 1o. il y
a autant d'anciens *lymphatiques répandus*
dans l'intérieur que *fur la furface des*
parties. 2°. Il n'en eft point parmi ceux
qu'on connoiffoit dans l'homme, avant
M. F. qui forment un *vrai* rezeau. 3o.
la plupart même n'ont rien qui appro-
che de cette figure. 4°. enfin l'idée
qu'il en donne peut convenir également aux artères lymphatiques.

M. Senac pourfuit néantmoins
en ces termes; *tout le monde connoit*
les lymphatiques qui rampent fur le foye
M. de la Peyronie les a démontrés il y
à plus de 30 ans fur le poumon & fur
les reins de l'homme, il les a fait deffiner
par M. Lafont & c'eft de ce fçavant
Chirurgien qu'on a appris la méthode &
l'art de les démontrer.

Que fignifient ces paroles: *M. de la*
Peyronie a démontré il a plus de 30 ans
les lymphatiques du foye fur le poumon &
fur les reins ? M. Senac veut dire apparemment que ce Chirurgien a démontré il y a plus de 30 ans les lympha-

tiques du foye, du poumon, & des reins.
cela se peut, surtout à l'égard des premiers & des derniers; il n'y auroit rien
en cela de fort mémorable; on les connoissoit long-tems avant que M. la
Peyronie fût au monde; mais que ce soit
de *ce Chirurgien qu'on ait appris la mé-*
thode & l'art de les démontrer, c'est ce
que je ne passerai pas à M. Senac. Où
sont ces figures que *M. la Peyronie a*
fait dessiner par M. Lafont. (*a*) quel est
l'ouvrage qui renferme ces nouveautés?
Chez qui, en quelle année, & sous qu'el titre est-il imprimé? seroit-ce avec le livre
Anglois dont il rend compte dans l'extrait suivant? il y a toute apparence, car
tous les Chirurgiens de S. Côme con-

(*a*) J'ai lû dans M. Vieussens, qu'il avoit fait
dessiner par M. *Lafont* les figures qui sont
dans son Traité du Cœur; j'ai aussi appris
que M. Chirac lui avoit fait dessiner d'après
nature, les lymphatiques du Foye & de plusieurs autres viscères, & que ces figures se
répandirent parmi ceux qui apprenoient l'A-
natomie de M. Chirac. M. Astruc, M. la Peyronie & plusieurs autres qui les ont vû dessiner, doivent les avoir entre les mains. On
m'a assuré qu'elles ne contiennent rien de
nouveau, mais qu'elles sont très-belles &
très exactes.

D ij

viennent unanimement que M. la Peyronie n'a jamais rien écrit sur l'Anatomie. M. Senac seroit-il donc le seul qui
possederoit un ouvrage de cette nature ? mais d'où vient qu'en parlant des
lymphatiques en question dans ses *essais de Physique*, il a manqué d'en faire
honneur à M. la Peyronie? Sa plume lui
étoit elle alors moins dévouée qu'aujourd'hui? non sans doute; mais il se sou-
venoit peut-être que Bartholin, Nuck
(*a*) Ruysch (*b*) Reverhorst (*c*) avoient
donné la description & les figures des
lymphatiques du foye; Willis(*d*)Ruysch
(*e*) de ceux du poumon ; Bartholin (*f*)
Nuck (*g*) & tant d'autres, de ceux des
reins.

Après cela je doute que M. la Peyronie ait obligation à notre Journa-

(*a*) *Nuck adenograph. curios p.* 144.
(*b*) *Respon. ad epist. problem* 5.
(*c*) *Reverhorst disput. inaugural. de mot-*
bil s circular. Lugdun batav. 1692 19. *tab.*
1. *f* 1, 2.
(*d*) *Willis de respirationis organis & usu*
se.l. 1. *cap* 1. *tab.* 1. *pag* 18.
(*e*) *Diluci lat. valvul. &c.*
(*f*) *Casp. Bartholin. diaphramat. struct.*
nov. p 93
(*g*) *Nuck adenograph. curios. p.* 60.

lifte du préfent qu'il a voulu lui faire;
l'amour propre s'irrite quand on veut
le furprendre par des louanges que
tout le monde eft en état de démen-
tir. Si M. Senac fe fût borné à dire de
fon ami, qu'il avoit fuivi les racines,
les branches, les troncs des lymphatiques ; M. la Peyronie en auroit été
flatté; il faut pour cela de l'adreffe &
de la dexterité; & ce font les qualités
qui caracterifent le grand Chirurgien.
Pourquoi faut-il que le tems les dé-
truife, & qu'après un certain âge il foit
réduit à dire, quand il eft de bon-
ne foi… *Fungar vice cotis , acutum*
Reddere quæ ferrum valet exors ipfa Horat.
fecandi !

Je reviens au Memoire que M. F.
lut à l'Academie en 1733. puifque
c'eft lui que M. Senac a eu en vue. M.
F. n'a parlé des lymphatiques du foye,
des reins &c. que comme de vaiffeaux
que tout le monde connoiffoit; il s'eft
borné à faire part des obfervations qui
venoient à fon fujet ; ainfi il donne les
moyens de fuivre les lymphatiques in-
térieurs du foye , jufqu'aux extremités
de la veine porte , & à la faveur des injections qu'il a fçu faire paffer du tronc

D iij

dans les branches des lymphatiques ex-
terieurs, il fait voir que les uns & les
autres viennent également de l'intérieur du foye; ce que perfonne que je
fçache, n'avoit encore démontré.

A l'égard des lymphatiques du Poumon; M. F. a découvert fur fa furface
Locis
citatis. un rézeau lymphatique très-fingulier
& très différent de ce que Willis,
Ruyfch & d'autres Auteurs difent avoir
vû. Une defcription un peu détaillée de
ce rézeau, dont j'ai parlé en deux mots
dans la Lettre précédente, fuffira pour
en démontrer la nouveauté. Voici fes
principaux caractéres d'après le Poumon de l'homme,

1°. Les mailles de ce rézeau merveilleux fuivent exactement tous les
efpaces interlobulaires, le nombre de
fes aires égale précifément le nombre
des lobules qui forment la furface du
Poumon; en forte que la circonference
de chaque aire, marque la circonference de chaque lobule, & que l'une &
l'autre préfentent le même nombre
d'angles & de côtés.

2°. Au lieu que les lymphatiques
ordinaires font voir de petits rameaux,
qui après avoir parcouru une étendue

plus ou moins grande, se réuniffent pour
former des rameaux plus gros, & enfin
des troncs; ceux qui forment les mailles
du nouveau rézeau paroiffent partout,
à peu de chofe près, de même grof-
feur, fans répréfenter ni troncs, ni branches, ni rameaux ; leurs racines &
leurs branches, font dans la profondeur
du Poumon, d'où elles fortent en grand
nombre pour s'aller jetter dans le rézeau.

3°. Ces lymphatiques ont encore
cela de fingulier, qu'ils ne font pas
noueux comme les autres ; ils font au
contraire cilindriques & dépourvus de
valvules, enforte qu'on peut les injecter
également en tous fens.

4°. Chaque aire du rézeau que je
décris, enferme un autre rézeau, formé de mailles plus déliées, qui fe ter-
minent dans celles du premier. Le petit
rézeau dont je parle préfentement, oc-
cupe la furface du lobule, compris
dans l'aire même du grand rézeau ; de-
forte qu'il y a autant de petits rézeaux
que de lobules à la furface du Poumon.
En un mot ils font en petit ce que
l'autre eft en grand ; les lymphatiques
en font également dépourvus de valvules.

Voilà ce que je dis, que M. Ferrein a découvert dans l'homme: il importe peu que les Auteurs qui ont parlé des lymphatiques extérieurs du Poumon, difent vrai ou faux, que les figures qu'ils ont données foient d'après l'homme ou les animaux, d'après nature ou d'après leur imagination; leurs lymphatiques n'ont rien de commun avec le rézeau de M. F. ce font des objets tout à fait differens; il s'en fuit feulement que fi ce qu'ils difent eft dans la nature, il y a un double appareil de lymphatiques à la furface du Poumon, & cela n'ôte rien à la découverte de M. F. mais à dire vrai, je crois que les Anatomiftes fe font contentés, avant lui d'appliquer au Poumon humain, ce qu'ils avoient vû fur celui des animaux: Ce ne feroit pas un phénomene; le cas eft arrivé cent fois à l'égard des lymphatiques des autres parties; on eft même en droit de le fuppofer lorfque les Obfervateurs n'avertiffent pas expreffément du contraire.

Maintenant, M. Senac qui cherche à faire croire, qu'on connoiffoit depuis long-tems le rézeau de M. F. voudra-t-il trouver bon que je lui dife, qu'il de-

voit-au moins en donner une description, qui ne permît pas de le méconoître;
M. F. lui en avoit fourni tous les moyens
quoique son Memoire ne fût imprimé
que par extrait. (*a*) Il est vrai que l'affaire étoit délicate, mais enfin cela va-
loit encore mieux, que de se borner à
des traits vagues, & peu propres à
faire honneur à un Anatomiste.

M. Senac avoit dit d'abord que *les
lymphatiques qui sont répandus sur la
surface des parties, forment de véritables
rézeaux*, mais à l'égard de ceux qui sont
à la surface du Poûmon, il dit seulement

(*a*) M. F. n'étoit pas encore de l'Académie en 1733. & l'on sçait que cette Compagnie ne donne que par extrait les Memoires
de ceux qui ne sont pas de son Corps; mais
ces Memoires, & le rapport qu'en font par
écrit les Commissaires nommés pour les
examiner, restent entre les mains du Secre-
taire; M. Senac qui étoit ADJOINT, pouvoit
aisément avoir en communication celui de
M. F. il pouvoit encore puiser dans une
Thèse intéressante qui est entre les mains
de tout le monde M. F. l'a fit soutenir aux
Ecoles de Médecine sous ce titre. *An actio
mechanica pulmonum in fluida, tempore expirationis?* C'en étoit plus qu'il n'en falloit,
pour mettre M. Senac en état d'observer &
de décrire le rézeau lymphatique de M. F.

qu'ils *paroiſſent diſpoſés en rézeau;* c'eſt
à peu près comme ſi ayant avancé qu'un
feu folet eſt un aſtre, il ajoutoit que le
Soleil *parot* ſeulement être un aſtre.
De tous les lymphatiques que nous
connoiſſons dans l'homme, il n'y a que
ceux du Poumon qui par la régularité
des aires & par l'égalité des mailles,
forment un véritable rézeau.

Le Journaliſte ajoute qu'*on remarque*
quelques nœuds dans les angles formés
par ces lymphatiques; il dit auſſi que *les*
valvules ne ſont pas ſenſibles dans ceux des
reins.

On voit par-là qu'il n'a pas conſulté
la nature; elle lui auroit appris qu'il
eſt dans l'erreur; mais il a mieux aimé
s'en rapporter à ſes idées; laiſſons-lui
donc la liberté de s'y livrer.

N.

Faute à corriger.
Pag. 1. lign. 14. qui fait, *liſés* qui ſont.
Pag. 34. lign. 8. *intérieure, liſés antérieure.* &c.

c'ed
u'un
ne le
tire.
nous
que
lauté
illes,

oq-e
cmls
s ici
x #il

:ns
call
:nns
:-lui

ECLAIRCISSEMENS
EN FORME DE LETTRES
A M. BERTIN. *Medecin &c.*

AU fujet des DE'COUVERTES que M. FERREIN a faites, tant DU VRAI ME'CANISME DE LA VOIX, que DES ARTERES ET NOUVELLES VEINES LYMPHATIQUES.

Ou RE'FUTATION D'UNE Brochure Anonyme qui a pour titre : LETTRE SUR LE NOUVEAU SYSTEME DE LA VOIX.

Avec une RE'PONSE A LA CRITIQUE DE M. L'ABBE' D. F. fur la premiere de ces découvertes, & un SUPLEMENT EN RE'FUTATION d'un Article du JOURNAL DES SÇAVANS contre la feconde.

Par M. MONTAGNAT, *Medecin.*

CesPieces réunies forment un petit *in-12.*

A PARIS,
CHEZ DAVID Fils, Quai des Auguftins, Au Saint Efprit.

M. DCC. XLVI.
Avec Approbation & Permiffion.

www.ingramcontent.com/pod-product-compliance
Lightning Source LLC
Chambersburg PA
CBHW050601210326
41521CB00008B/1060